算数の探険 遠山 啓 著

たす ひく かける わる

まず
探険隊を
しょうかいしよう

　広場には，明るい光がいっぱい。その広場のブランコのそばで，探険隊がつくられたんだ。

　同じ学級の，なかのよい3人。ユカリとサッカーとピカットだ。3人とも，さんすうは，とくいなほうじゃない。でも，3人のいいところは，なかなかの知りたがりやさんということかな。

　おや，ほかにもなかまがいるようだね。探険に出発する前に，はじめましてのごあいさつだ。

3人の考えは、こうなんだ。

「テストの点が悪くたって、成績が5でなくたって、さんすうの問題がとけたときは、とても楽しい。すごおく気持がいい。なぜだろう？ どうして気持がいいんだろう？ もしかしたら、さんすうの世界は、チョコレートのお城や、水あめの川が流れるおかしの国より、もっとすてきなところかもしれない。よーし、探険してみよう」

でも、さんすうの世界って、ほんとうにどんなところなんだろうね。

（サッカー）

スポーツはなんでも選手。人呼んでサッカー。ほんとうは、さんすうぎらいなんだ。でも探険隊では、いっしょうけんめい、やるつもりさ。

（ピカット）

ピカッとひらめくアイデアマン。でも、すこし、おっちょこちょいなんだ。

（はかせ）

探険とは，わからないことをわかろうと努力することじゃ。わからないことを投げ出してしまえば，もう永久にわかりっこない。きみも，なまけものにはなりたくないじゃろう。なに？さんすうがわからない？フッフッフッフッ，……まず，探険してみることじゃよ。

ぼくは，はかせの助手。探険の道あんないもするから，よろしくね。

（オウムのタロウ）

はかせは，世界的な大数学者。探険隊をあたたかい目で，いつも見まもってくれるにちがいない。

－ 5 －

（マクロ）

からだもでっかいけど，大きなことがだいすき。千とか万とか，もっと大きな数でも，へっちゃらさ。大きなことでこまったら，おいらを呼んでよ。探険のお手伝いをするから，よろしく。

小さい数が，とくいなの。マクロより，あたいのほうが役に立つと思うんだけど。

（ミクロ）

　マクロとミクロは，2人で1本のぼうえんきょうを持っている。ミクロは，これでものを大きくして見るし，マクロは，はんたいからのぞいて，ものを小さくして見ちゃうんだ。だから，2人は，しょっちゅうけんかしているんだけれど，ほんとうは大のなかよしなんだ。それがしょうこに2人は，いつもいっしょさ。

— 6 —

> グハ・グハ・グハハー。
> 勉強なんか，やめてしまえ！このおれさまが，口から黒いすみをはけば，さんすうの世界に夜がくるんだ！

探険隊の強敵(きょうてき)。さんすうに強いからてごわいあいてだ。きみもブラックにまけないでほしい。

（ブラック）

> ねむたいよ。
> スヤ，スヤ，スヤ……。

（グーグー）

かわいいグーグーは，探険隊の人気もの。でも，かわいそうに，すぐねむくなってしまうんだ。

算数の探険 ①
たす ひく かける わる
目次

4けたの数 ───── 10
タイルの大広間 ───── 13
数のくらい ───── 17
どちらが大きいか？ ───── 20
＝ ＜ ＞を入れよう ───── 21

たしざんの冒険 ───── 23
（古いお城のドアをあける）

かけざん—1 ───── 46
（けわしい山をのぼる）
九九の表をかんぜんに
　　しよう！ ───── 50

ひきざんの冒険 ───── 31
（危険ななわばしごをおりる）
32－?＝16 ───── 44
テープでけいさんしよう ───── 45

わりざん—1 ───── 66
（あぶないつりばしをわたる）
わけた1つ分を見つけよう ───── 69
けんかの3人はなかなおり ───── 75
ブラックの出した
　わりざんのいみ ───── 80
町の中にもわりざんが
　　いっぱい！ ───── 82
÷1けたのわりざん ───── 84
6を7でわるとどうなるか？ ─ 86
どこに「たてる」か？ ───── 87
わりざんはなぜ大きいけたの
　　方から計算するのか ─ 93

大きい数 ───── 106
（万・億・兆）
十進法について ───── 114
大きい数の計算 ───── 116
かんづめのうさぎは
　　何匹か？(無限) ─ 118

— 8 —

かけ算—2 —— 122
2けた×2けた —— 123
3けた×2けた —— 127
3けた×3けた —— 129
計算はもっとかんたんに —— 133

わり算—2 —— 138
2けた÷2けた —— 139
たてた数(仮商)を1ど直す —— 142
仮商を2ど直す —— 143
3けた÷2けた
　（仮商を直さない）—— 144
3けた÷2けた
　（仮商を直す）—— 145
3けた÷2けた＝商2けた —— 147
4けた÷2けた＝商3けた —— 149
0をどうすればいい？ —— 150
73356÷53＝？ —— 152
5528÷213＝？ —— 153

4けたの数

ユカリ きれいなおしろが見えるわ!

ピカット でも,子ども向きの絵本の中の国みたい。

ほんとうだ。

花がさきみだれ,空高くヒバリがなき,みどりのおかには,すてきなおしろ。

オウム あれが4けたの数のおしろ。

ユカリ まあ,どんなところなの?

サッカー でも,4けたというと,ずいぶん大きい数だなあ。

ひらけ ゴマ！

　おしろには，大きな木の門が，かたく，とざされている。そして，「3657」というふだが，かかっていた。

オウム　これが，よめる？ うまくよめたら，門は，ひとりでにあくよ。

ピカット　かんたんさ。3まん6せん5じゅう7。

サッカー　ちがうよ。4けたのくらいは，千じゃないか。

　ピカットが，赤くなった。

ユカリ　そうね。一，十，百，千，万，……だから，4けたは，千のくらいね。

オウム　じゃあ，どうよむの？

　こんどは，さすがに，おちついて，

ピカット　3ぜん6ぴゃく5じゅう7。

　そう言ったとたん，おもい木の門が，ギギーッと，ひとりでにあいたんだ。中はまっくら。

オウム　じゃ，3657が，どれぐらいのタイルであらわせるか，わかるかい？

　3人は，おそるおそる中へと，はいって行った。

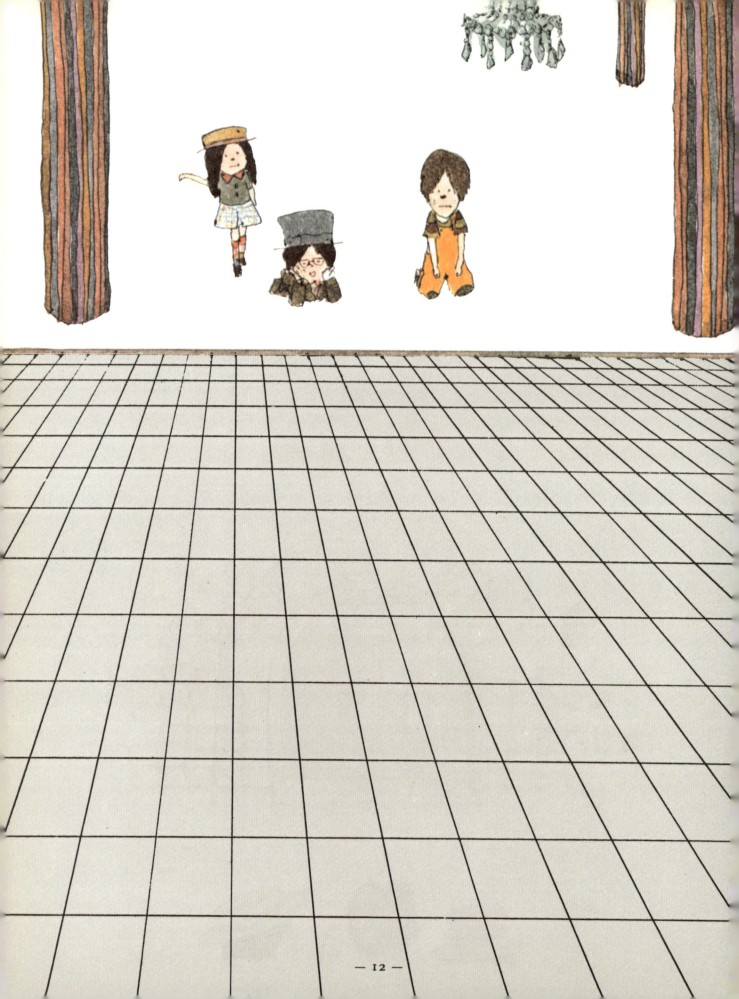

タイルの大広間

サッカー うわあ,すごい!

ユカリ ここで,ダンスパーティーをひらいたら,どんなにきれいかしら。

オウム みんな,どこを見てるんだい。足もとを見てごらんよ。

ピカット タイルのゆかだね。ピカピカしてる。なるほど! きっとこのタイルで,数をかぞえるんだよ!

サッカー そんなに大きい数,いちいちかぞえられないよ。

オウム それができないと,つぎへは進めないんだよ。

　さあ,考えてみよう。3657って,いったいどれほどの大きさなのか?

オウム よくわかったね。じゃ,3657はこのタイルで,どれだけだ?

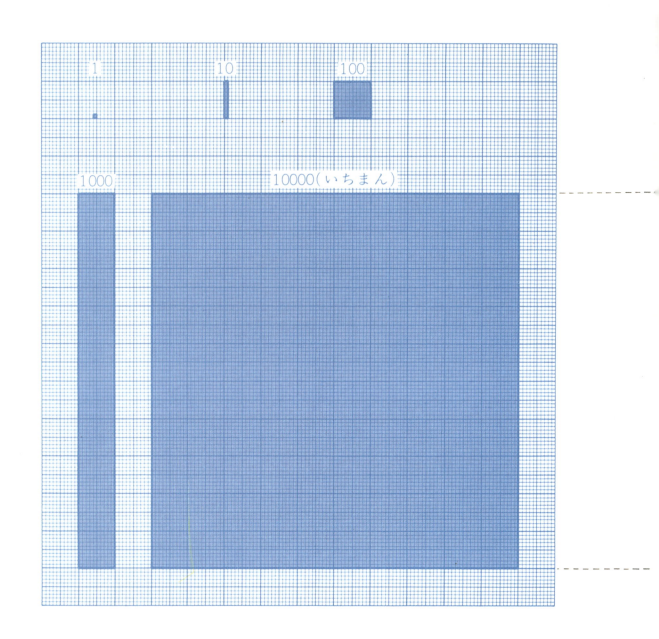

なあに かんたんさ！

ユカリ タイル1こが1。1が10こあつまって1本になって10ね。

ピカット うん。その十のタイルが，10本あつまると100。

サッカー だとすると，1000は，百のタイルが10まいじゃないか？

ピカット すると，この大広間，千のタイルが10あつまっているから，ええと，一万のタイルがしきつめられてるんだ。

ユカリ そうよ。くらいどりは，一，十，

きみもやってみよう！

下の図が，タイルの大広間。
きみには，3657 こぶんのタイルがわかるかな。わかったら，そのぶんだけ，色をぬろう。

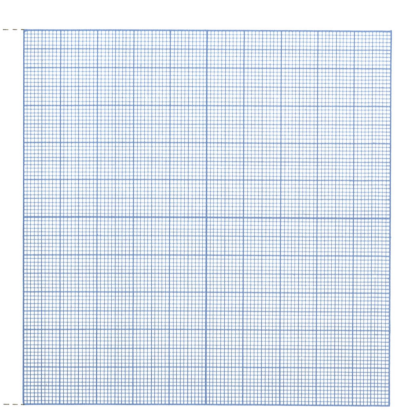

百，千，……と，10 あつまるごとに，あがっていくのよ。

ピカット わかった。じゃ，3657 は，千のタイルが 3 つぶんと，百のタイルが 6 まいと，十のタイルが 5 本と，一のタイルが 7 こだ。

ユカリ そうよ。じゃ，タロウ，チョークをかして。

こうして 3 人は，大広間を行ったり来たりしながら，3657 こぶんのタイルのまわりに，線を引いた。

タイルをつかうとよくわかる

3657が，どれだけの大きさか，色をぬってみてよくわかったね。このようにタイルをつかうと数の大きさが，ひと目でわかるんだ。ユカリが，数を習い始めた小学1年生のころを思い出している。ちょっと聞いてみようか。

1匹のアリだって，1頭のゾウだって，タイルにおきかえてしまえば，同じ1このタイルでしょ。どちらがおおいかくらべるときでも，これならきちんとならべられてよくわかるわ。はじめのころは，タイルのかわりにおはじきでやっていたんだけど，50や100になると，どうしようもなくなっちゃった。そのてん，タイルだと一が10こあつまると1本，十が10本あつまると1まい，と言えてとてもわかりやすいの。けいさんするときにタイルをつかえば，まちがえないからピカット君たちにわらわれないですむわ。

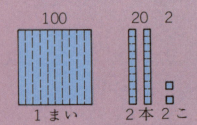

数のくらい

オウム　じゃ，こんどは，下のタイルがいくつあるか数えてごらん。

ユカリ　千のタイルが3つぶん，百のタイルが5まい，十のタイルが6本，一のタイルが8こね。だから，3ぜん5ひゃく6じゅう8。

オウム　よく，できました。じゃ，つぎのページへ行こう。

千のくらい	百のくらい	十のくらい	一のくらい
	まい	ほん	こ
3	5	6	8

3568

あいているところに書きこもう

ユカリ 数をタイルで書いてみると大きさがよくわかるわね。
サッカー 数のよみかたや,数字の書きかたもたいせつだよ。

ピカットのアイデア

ユカリ 千のタイルだけど,大きすぎて,はみ出しちゃうわ。だって百が10もあつまった大きさなんだもの。

たしかに書きにくい。そのときピカットがさけんだ。

ピカット トイレットペーパーのようにまけばいいんだ! どうだい。こうすれば,千のタイルも小さく書けるし,ひとまき,ふたまき,……と数えることもできる。

なるほど,めいあんだ。

3049

千
せん

どちらが大きいか？

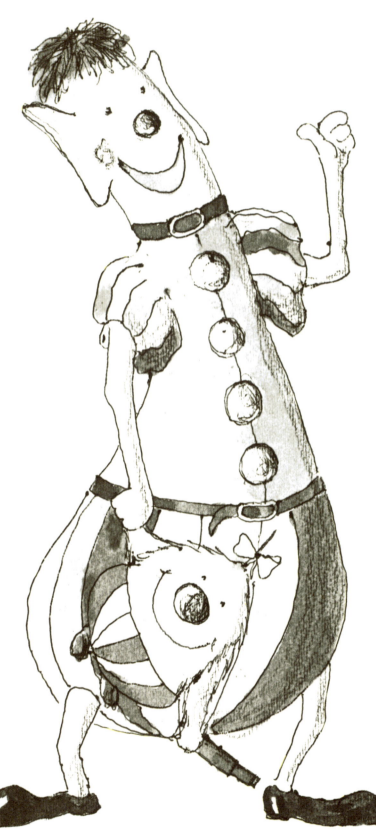

マクロとミクロがあらわれた。
マクロ　やあ，こんにちわ。
ミクロ　いやあね，こんなところに，あたいを出すなんて。いじわるよ。
マクロ　記号(きごう)の話なんだから，まあいいじゃないか。＝は，だれでも知っているね。＝をはさんでいる左がわと右がわの数の大きさは同じなんだよ。＞と＜は，大きさがちがうことをあらわしているのさ。おいらとミクロちゃんなら，

こんなぐあいに，記号をつかえばいいのさ。
　ミクロがおこりだした。
ミクロ　だからいやだと言ったのよ。小さいからって，ばかにしないで！

＝ ＜ ＞を入れよう

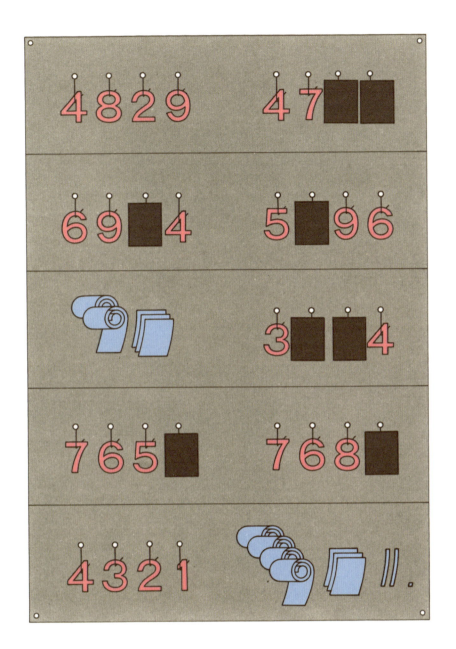

グーグーのわるいくせが、はじまった。

グーグーは、ねぼけると、なんでもムシャムシャと食べてしまう。

ほら、数字まで食べちゃうんだ。それで、問題は、虫くいだらけ。

あーあ。でも、きみにはわかるね。

＝ ＜ ＞

の記号を入れてみよう。

878
879
880
881

オウム 878から、1021までの数を、数字で書いてごらん。それができたら、こんどは、それを見ないで、878から1021までの数を口でじゅんに言ってごらん。まちがわずに、できるかな。じゅんに言っていくと、いったいどうなるかな？

数のはじまり

はかせ　千の位の数を探険したところじゃが，いったい数はどうしてできたのじゃろう？　数を知っているのは，人間だけなのじゃ。わしのネコが3匹の赤んぼうを生んだ。そのうちの2匹を近所にわけてあげた。母ネコは，はじめいなくなった子ネコをさがしていたが，すぐにわすれてしまった。ネコには，数というものがわかっていないのじゃ。

大昔，人間は，生きるためにどうしても，ものをかぞえなくては，ならなかった。たとえば，しゅうちょうは，村人の数をかぞえるのに，木の葉を1人に1枚ずつわたし，それを集めて，どれだけの人数がいるかを知ったのじゃ。1人に1枚ずつじゃから，人の数と木の葉の数は，同じというわけなんじゃよ。

ひつじをさくから出して，草地へやり，夕方，またさくの中へ入れる時も，1頭さくから出ると小石1こをふくろに入れ，さくに入れるときは，1頭入るごとに，小石1こをふくろから出したんじゃ。ふくろがからっぽになると，ひつじはぜんぶ帰ってきたことになるんじゃね。1つのものに他の1つをあわせていって，あわせきれると，それは同じ数になる。かんたんなことのようだが，じつはこの発見が数のはじまりだったんじゃ。

たしざんの冒険

　大広間のおくに,またドアがあった。そこには＋の記号が書いてある。

ユカリ きっと,たしざんの大広間があるのね。

ピカット 4けたの数のたしざんだろうか。はいってみようよ。

そこは、まっくらな地下のろうか。上のほうに、ぼんやりと、またドアが見える。サッカーが、ドアのノブをまわしてみたけれど、ぴたっととじて、あかないのだ。

ユカリ 出られなくなっちゃったのね。こわいわ。

ユカリが、そう言いおわったときだ。ふしぎな声が聞こえてきた。

声 これから出す問題をときなさい。そうすれば、ひとりでにドアはあく。

オウムのタロウが、元気づけて言った。

オウム 第1のドア、第2のドア、第3のドアがあって、その3つのドアをあけると、明るいところに出られるよ。

ドアにかかっている問題、きみは、できるかな？

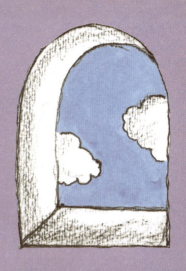

第1のドア

また，ふしぎな声がした。

声　今までに，このドアを3247人の男の子と2731人の女の子が通って行った。みんなで何人か？

```
  3247
+ 2731
------
  5978
```

答 5978人

サッカー まずタイルをおいて，けいさんしてみると，5まきと9まいと7本，それに8こだ。

ピカット 五千九百七十八。数字で書くと，5978 となるね。

ユカリ たいせつなのは，くらいをそろえることと下の一のくらいからけいさんすることだったわね。

第2のドア

第1のドアが開くと，そのむこうは暗い地下道。すると気味悪い声が，聞こえてきた。

声 2527 この金のタマゴと 3416 この銀のタマゴ。あわせていくつ？

```
  2527        2527
+ 3416      + 3416
------      ------
  5933         13
              593
             ----
             5943

         答 5943こ
```

サッカー こんどは，ぼくがやるよ。

でも，サッカーはあわてていた。一のくらいから，けいさんをはじめて，7+6=13 と考えたまでは，よかったのに，くりあがった1本をわすれたんだ。

ユカリ くりあがったら，小さくその数を書いておけば，わすれないわ。

やってみよう

```
  4561   1483   8505   2060   2000   4381   6813   8143   3100
+ 2128 + 3210 + 1420 + 6201 + 7000 + 2517 + 1075 + 1751 + 2007
```

また，ふしぎな声がした。

声 このページの問題をとけば第2のドアは開く。赤い学校には，6583人の生徒が，青い学校には，1349人の生徒がいる。あわせて何人だろうか？

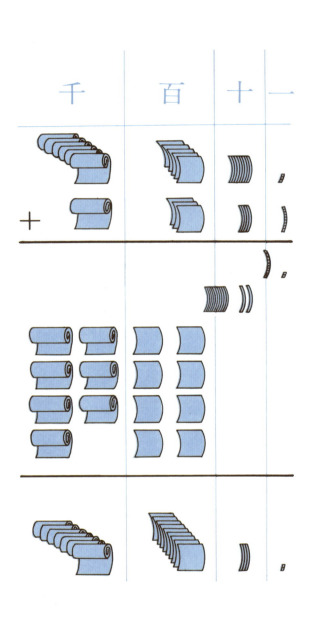

ユカリ あわせて何人？　という問題だから，たしざんね。式を立ててみると……

サッカー 6583＋1349だ。けいさんしやすいように，たて書きにしてと……
一のくらいから，たしていこう。

ピカット 3＋9＝12。くりあがり1本。次に8＋4＝12。さっきくりあがった1本をたして13。こんどは，1まいくりあがりだぞ。

ユカリ わすれないようにね。

ピカット ええっと，百のくらいをけいさんすると，5＋3＝8。くりあがった1まいをくわえて9だね。くりあがりはなし。千のくらいはもうかんたんさ。

サッカー ぼくは，くりあがったら，わすれないように，ゆびを立てていたんだけど，小さく書いたほうがまちがえないね。
　さあ，きみも3人にまけないようにやってみようか。

```
  4123    5829    7636    3093    8031    4827    3896    1398    5876
 +2518   +1162   +1173   +4951   +1279   +2174   +2123   +3213   +1025
```

第3のドア

がんばれ！ いよいよ第3のドアにちょうせんだ。

声 5992つぶのグリンピースと3008つぶのグリンピースをいっしょにした。ぜんぶで，グリンピースは，何つぶか？

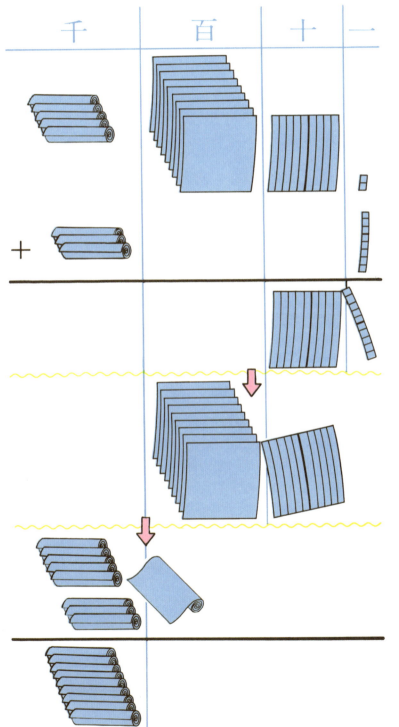

```
  5992
+ 3008
  9000
```

答 9000つぶ

ユカリ タイルで，けいさんしてみるわ。ええと……
2こと8このタイルで，1本になってくりあがる。9本と1本で，1まいになって，またくりあがる。9まいと1まいで，1まきになって，またくりあがって，9まき。答えは，9000よ。

ピカット タイルのうごきをよく見ると，くりあがりのようすが，はっきりわかるね。

また，声が聞こえてきた。

声 2473人の人が住んでいる町があった。そこへ新しく，58人の人がひっこしてきた。町の人は何人になったか？

```
  2473
+   58
──────
  2531
```

答 2531人

ピカット これは，くらいどりをきちんとそろえなくては，わからなくなるぞ。
サッカー たて書きにすると上と下とがふぞろいだから，やりづらいなあ。
ユカリ 千と百のくらいのあいているところには，0があると考えるのよ。
ピカット なるほどね。

さて，下の答あんは，ピカットのものだけど，まちがいはないかな？　なおしてあげよう。

```
  8378      2792      901       94      1764
+   23    +   38    + 89     +1906    +   16
──────    ──────    ─────    ─────    ─────
  8391      2730      990     1000     1770
```

ピカットの答あんを，ユカリとサッカーが，よく見なおして，答えを正しくしたら，第3のドアがあいたんだ。

外には，明るい空が見えた。3人は，知らないうちに，高いとうの上にのぼってきていたんだ。

ひきざんの冒険

　とうのまどからは，長いなわばしごがさがっていた。

ユカリ　こわいわ。ここをおりて行くの?

サッカー　もう，もどることはできないんだよ。

オウム　ぼく，タロウだあ。これは，ひきざんのなわばしごだよ。がんばれ，がんばれ。

　オウムのタロウは，そう言って，とんで行った。

　さて4けたのひきざんにちょうせんだ。

ユカリは、足がすくんでしまった。
　下の方に、きれいなお花ばたけが、かすんで見える。でも、そこへ行くまでには、5本のなわばしごをおりて行かなくてはならないんだ。
　足をふみはずせば、怪物のいる海。
ピカット　力をあわせて、がんばろうよ。

オウムのタロウが，もどってきた。

オウム ちょっと聞きたいことがある。10人の男の子から，7人の男の子をひいたら何人?

サッカー かんたん，かんたん。3人さ。

オウム じゃ，10人の男の子と7人の女の子では，どちらが何人おおい?

ピカット 男の子10人から，女の子7人をひけばいいのさ。男の子の方が，3人おおいよ。

ユカリ まって，男の子から，女の子は

ひけないわ。

サッカー ほんとだ。男の子から男の子はひけるけど，女の子はひけないよ。

ピカット …………

3人は，こまってしまった。オウムのタロウは，ひとりでニヤニヤしている。

オウム よし，教えてあげよう。たしかに，男の子から女の子はひけない。でもこう考えればいいんだ。男の子と女の子が，ひとりずつ手をつなぐ。そして，あまった子がいたら，それが答えになるんだね。同じ 10－7＝3 というひきざんでも，同じものどうしの「のこり」をもとめるひきざんと，ふたつのものをくらべて「ちがい」をもとめるひきざんとが，あるんだよ。わかったろう。

5003
－3524

7452
－18

－ 33 －

第1のなわばしご

風がふいてきて，なわばしごがゆれた。ふしぎな声がした。

声　あるリンゴばたけで，5894このリンゴがとれた。そのうち，3513こ のリンゴを売ると，いくつ手もとにのこるだろう？

5894－3513

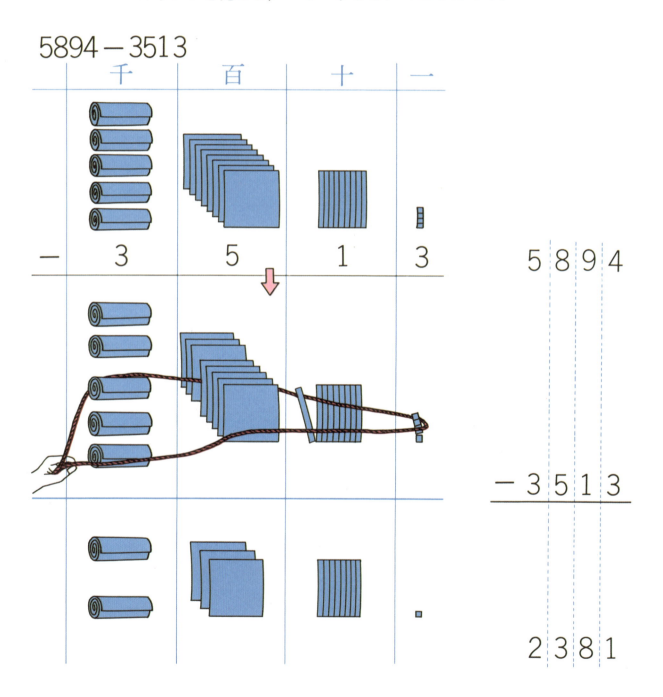

5894
－3513
2381

答　2381こ

サッカー これは，のこりをもとめるひきざんだな。

ユカリ ひきざんのけいさんで，まもらなくてはならないことは，まず，きちんとくらいをそろえて式を書くこと。それから，下の一のくらいから，ひきざんをはじめることだったわね。

ピカット そのとおり。

第2のなわばしご

　第2のなわばしごは，すこしこわれているようだ。

声 この第2のなわばしごを，7568人の男の子と，2139人の女の子がおりて行った。男の子は，女の子より何人おおいだろう？

ピカット これは，くらべてみてちがいをもとめるひきざんだよ。

ユカリ そうよ。それに，8から9がひけないから，上のくらいから10もらってこなくちゃならないのよ。

サッカー そうだ。くりさがりのところに，小さく，1あげたから5と，書くようにすれば，まちがえないね。

```
   5 18
  7 5 6̸ 8̸
 -2 1 3 9
 ─────────
  5 4 2 9
```

答 5429人おおい

```
  7843     4854     1948     9467     3967     7843     4950     7864     8340
 -5321    -2313    -1625    -4002    -1239    -2738    -3243    -5373    -7150
```

また，ふしぎな声が聞こえてきた。

声 6234頭(とう)のウマがいる。1頭に1本のニンジンをあげたいが，ニンジンは2865本しかない。ニンジンをもらえないウマは何頭か？

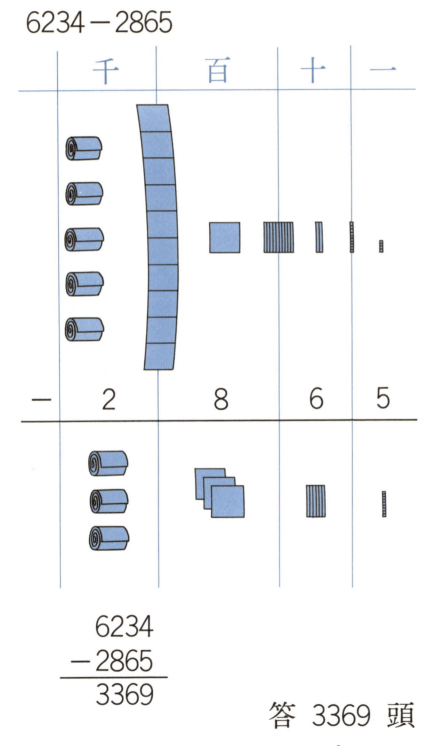

6234－2865

答 3369頭

ユカリ これも，くらべてちがいをもとめるひきざんよ。それに，4から5も，十のくらいの3から6も，百のくらいの2から8もひけないのよ。

サッカー くりさがりが，3回もつづくんだ。わかんなくなりそうだ。

ピカット まかしとき。

6234
－2865
3379

ところがピカット，まちがえて，3379と答えを出してしまった。いったい，どこをまちがえたのかな？タイルの動きを見て，正しい答えを教えてあげよう。

— 36 —

第3のなわばしご

第3のなわばしごも，古びてしまっている。

声 7501本のえんぴつを，2193人の子どもたちに1本ずつくばった。のこったえんぴつは，何本?

7501－2193

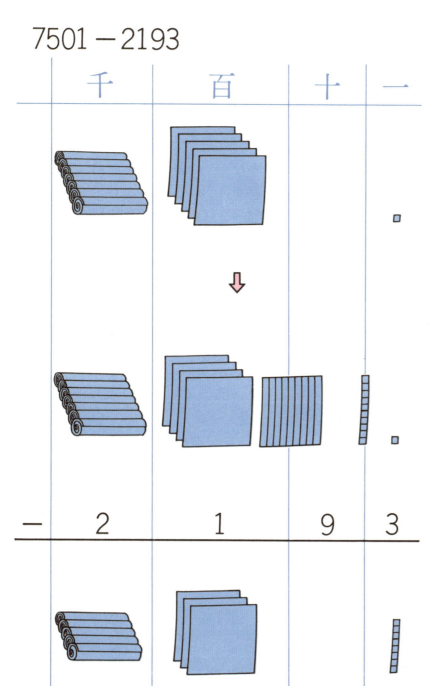

7501
－2193
5308

答 5308本

サッカー 1から3は，ひけないから，十のくらいから1本もらいたいんだけど……

ピカット おとうさんは子どもに1本あげたいんだけど0だ。そこで百のくらいのおじいさんから1まいもらってきて，その中から1本，一のくらいの子どもにあげた。

ユカリ すると，おとうさんの手もとには9本が残っていることになるわね。

第4のなわばしご

声 第4のなわばしごは，今にも切れそう。ユカリは，青い顔になった。

ある町に，5003げんの家がある。そのうち3524けんは，お店やさんだ。お店やさんでない家は，何げんあるだろうか？

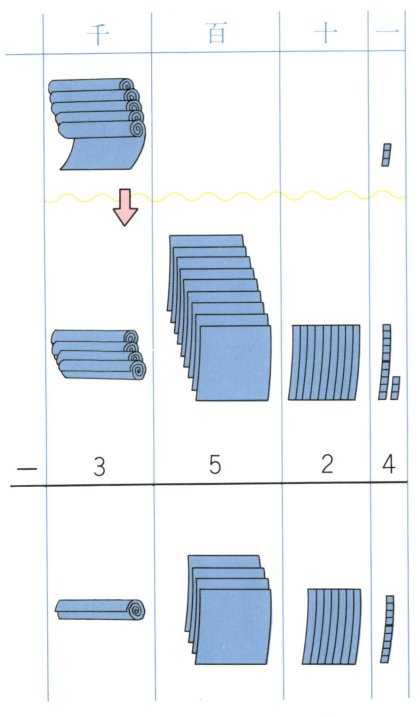

```
  5003
 -3524
 ─────
  1479
```

答 1479けん

ピカット 3から4はひけないので，おじいさんのところから……。あれ，おじいさんも0だぞ。よわったなあ。

ユカリ じゃ，ひいおじいさんからもらったら？

サッカー でも，1まきもらったら，くりさがりはどうなっちゃうの？

ピカット こういうときはいっそ，上からひきざんしたらどうかなあ。

ユカリ 1まきもらって，そこから1まい，またそこから1本もらうと……ああ，どうしたらいいの！

みんなが、こまりはてたところに、ど
こからやってきたのだろう、はかせがひ
ょっこりあらわれた。

はかせ 前のページのタイルをよく見て
ごらん。ひいおじいさんからいっぺんに
もらってこようとするから、わからなく
なるんじゃよ。まず、おじいさんがひい
おじいさんから1まきもらう。そして、
おとうさんに1まいあげる。だから、お
じいさんのところには、9まいのタイル
がのこることになるんじゃよ。

さて、おじいさんから、1まいもらった
おとうさんは、その中から1本を子ども
にあげる。もうわかるじゃろう、おとう
さんには、9本がのこっているわけじゃ
よ。そして子どもの手には、1本と3こ、
つまり13。13から4をひけば、いいん
じゃ。

やってみよう

```
  6004    3000    8001    5000    6000    8405    7301    4605    4503
 -2835   -2917   -4792   -2999   -4091   -2596   -2592   -3706   -2404


  5607    3708    4048    7005    8700    6708    2534    7081    5001
 -4198   -2183   -1649   -2146   -1673   -6099   -1765   -1992   -4002
```

— 39 —

第5のなわばしご

いよいよ,さいごだ。ぶきみな声が風にのって聞こえてくる。

声 7452人の人がはたらいている大きな工場がある。きょう,そのうち18人の人が休んだ。きょう,はたらいている人は,何人だろう?

ユカリ グーグーときたら,このお城にきてから,ねむってばかりね。

ピカット すこしは,手つだってくれてもいいなあ。

サッカー まあ,いいじゃないか。この問題は,くらいをしっかりそろえて,あいているところは,0があると思って,けいさんすればいいんだ。

サッカー できたぞ！ これで,4けたのひきざんは,もうへいきだね。

3人がうれしそうにしていると,とつぜん,あたりがうすぐらくなって,グハ,グハ,グハハー,とわらう声。

グーグーが,パッと目をさましました。

```
  7452
-   18
  7434
```
答 7434人

| 9746 | 1843 | 6843 | 4320 | 1431 | 7600 | 4300 | 8763 | 3003 |
| - 25 | - 39 | - 40 | - 19 | - 42 | - 29 | - 2 | - 4 | - 94 |

グハグハ
グハハ…

なにがさんすうたんけんだ！
勉強なんかやめちまえ！
せいせきがなんだ！しゅくだいがなんだ！
さんすうの世界なんか
まっくらな夜に
なってしまえ！

　グーグーが，ほえながら，ブラックにくいついて行った。

ユカリ さあ，早く，くらくなるまえに，さいごの問題をやってしまいましょう。

　きみも，この問題をといて，4けたの数のおしろの探険をおわろう。

くらやみが明るくなってくると, そこ
は, いちめんの花ぞのだった。

$+ 8 = 13$

$5-$

$14 + = 100$

グーグー ったら
くしんしてやっと考えた数字
をたべちゃうんだもん。

まだサッカーのほうがおもしろいよ。

さあ，きみも，みんなといっしょに，
きえた数字を考えて，入れてみよう。

$= 1$

$+ 3 = 5$

$38 - \square = 19$

$+ 25 = 38$

$367 + \square = 1246$

こまったわ。もとどおりになるかしら？

$3492 - \square = 847$

32 − ? = 16

はかせ みんなよくできたね。

オウム でも，はかせ，3人に1題だけ問題を出してもいいでしょう？

はかせ ああ，いいよ。

オウム 32−■=16。この■に正しい数字を入れてごらん。

ピカット かんたんさ。今やってきたばかりだもの。■−3=5のときは，5+3にすればよかったんだね。

サッカー そう，−を+にすればいい。

ユカリ ■+3=8のときは，+を−にして，8−3=5が答えだったわ。

ピカット だから，かんたんさ。この問題も，−を+にして，16+32=48。答えは，48。

オウム ご名答，と言いたいところだけど，32−48=16になるかい？

ピカット ほんとだ。おかしいな。どこのけいさんが，まちがったんだろう？

　ピカットは，もじもじした。

ピカット まちがうはずがないのにな。

ユカリ −だから+にしたのに，どこがいけないのかしら？

　3人は，すっかりこまってしまった。

— 44 —

テープでけいさんしよう

よく聞くんじゃよ。ここに，3本のテープがある。3cmと5cm と8cmのテープじゃよ。この形をよくおぼえておけば，かんたんじゃ。

?	3 cm
8 cm	

このテープから，すぐにつぎの式がわかるね。

$$3+5=8 \qquad 8-3=5 \qquad 8-5=3$$

これがわかったら，つぎの問題もすぐにとけるじゃろう。

① $\square+5=8$　② $\square-3=5$　③ $\square-5=3$

④ $3+\square=8$　⑤ $8-\square=5$　⑥ $8-\square=3$

－を＋に，＋を－にしてとける問題は，①②③④の場合で，⑤⑥は，記号をはんたいにすることでは，けいさんできないね。このテープの形を，頭にしっかりと入れておくことじゃ。これでもう，たしざん，ひきざんでこまることは，ないだろう。たとえ，おとなになってもじゃ。お城ともこれでおわかれじゃ。

やってみよう

① $58-\square=43$　　② $\square+63=79$　　③ $\square-42=18$　　④ $43+\square=98$

⑤ $63-\square=20$　　⑥ $\square+82=99$　　⑦ $46-\square=10$　　⑧ $68+\square=79$

⑨ $\boxed{}+4568=9761$　　⑩ $7658-\boxed{}=3451$　　⑪ $8002+\boxed{}=9000$

⑫ $\boxed{}-5437=3281$　　⑬ $7999+\boxed{}=8001$　　⑭ $6781-\boxed{}=4321$

— 45 —

かけざん—1

　3人は，かけざんの山のふもとに立った。
ピカット　まるでハイキングみたいだ。
ユカリ　わたし，九九を知ってるから登るわ。
サッカー　行こうよ！

オウム ちょっとまって！ 登る前にかけざんのいみを思い出して。でないと，がけから落ちても知らないよ。

　そして，次のような問題を出したんだ。

オウム ここにナナホシテントウムシが3びきいる。星の数は，ぜんぶでいくつ？

サッカー 3びきならべて星の数をかぞえればいい。

ユカリ まって，これは，7×3のかけざんじゃない。

ピカット 7＋7＋7をけいさんするね，ぼくなら。

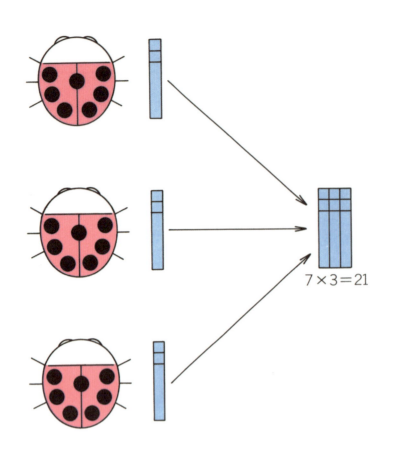

オウム ピカット君，たしざんだと，テントウムシが9ひきになったとき，どうするの？

ピカット 7を9回たす。7+7+7+7+7+7+7+7+7 でも，これでは，けいさんをまちがえそうだね。

ユカリ ほら，やっぱり，かけざんでやるのよ。

オウム じゃ，ユカリちゃん，正しい，かけざんのいみを知ってるかい？

ユカリ ええと，テントウムシ1ぴきあたり7つの星の，3びき分。どう？

オウム よくできました。上のタイルだと，1れつあたり7この，3れつ分。これが，かけざんの正しい，いみさ。
では，きみも，下の表をうめてごらん。

テントウムシの数	全部の星の数
1	
2	
3	
4	
5	
6	
7	
8	
9	

オウム さいきんは，かかしを知らない子もおおいけど，かかしのかけざんがわかるかな？

ピカット かかし1つあたり1本の足の4つ分で，1×4だ。これは，1のだんだね。

$1 \times 4 = 4$

オウム だるまの0×3は？

ユカリ だるま1こあたり0本の足の3こ分で0×3。0のだんよ。

サッカー だるまの手で考えても，0×3だよ。

ユカリ かかしの目にすると，2×4で，2のだんができるわ。かかし1つあたり2つの目の4つ分。

$0 \times 3 = 0$

ピカット 右のトンボは，どうだろう。

ユカリ トンボ1ぴきあたり4まいのはねの0ひき分じゃないかしら。トンボがいないから，はねもないということなんだわ。

ピカット かける0は，ぜんぶ0になるわけさ。

$4 \times 2 = 8$

$4 \times 1 = 4$

$4 \times 0 = 0$

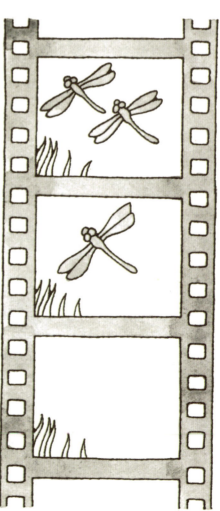

— 49 —

九九が，つっかえるようでは，かけざんの山にはのぼれないよ。

九九の表をかんぜんにしよう！

×	0	1	2	3	4	5	6	7	8	9
0				0						
1									8	
2										
3							18			
4										
5	0									
6						30				
7										
8										72
9										

第1の山

問題 ようこそ，第1の山へ。この山のどこかに，1ふくろに32こずつクッキーのはいったふくろが，3ふくろあるよ。それが今日のおやつだ。みんなでクッキーは，いくつ？

ピカット 32×3をけいさんする問題だね。まず，くらいどりをきちんとそろえて，けいさんの式をかくんだ。

ユカリ かけざんのけいさんも，やはり一のくらいから，やるんでしょう？

サッカー 3×2と3×3のかけざんをやれば，できるんだよ。でも，その答えを，どのくらいに書くのかな。

— 51 —

32×3

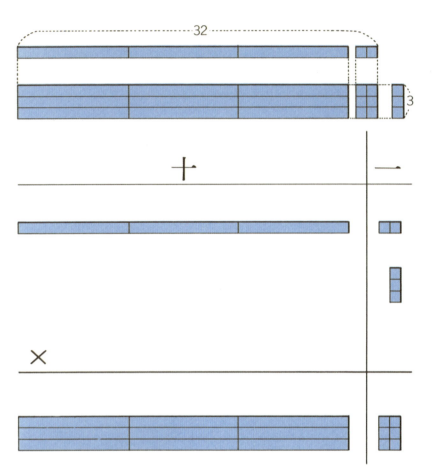

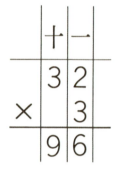

ユカリ 32×3をタイルで考えると1れつあたり32このタイルが，3れつ分よ。

ピカット ピカッときたぞ。一のくらいは，3×2＝6。十のくらいは，3×3で9本になるじゃないか。

ユカリ そうよ。だから，9本と6こ。答，96こ。

サッカー 32＋32＋32の方がやさしいみたいだよ。

ユカリ だめよ。かけざんは，たしざんじゃないのよ。

　そしたらなんと，3人の目のまえに，クッキーが。

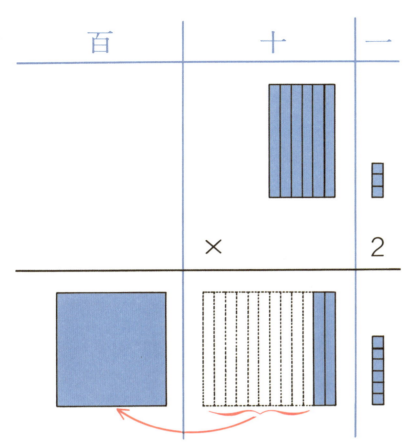

　3人は、グーグーにもクッキーをわけてあげた。するとグーグーは、63×2をとくといい出したんだ。

グーグー　ねむたいけどね、ボクにもやらせて。ええと、6×3＝18、3×2＝6、18と6をたして、24。答えは、24です。

ユカリ　あらら。かけざんは、下のかける方の数から、2×3、2×6とかけるのよ。それに、十のくらいにかけたときは、12の2は、十のくらいに書くのよ。

やってみよう

43	31	24	40	73	92	61	53	20
×2	×3	×2	×2	×3	×4	×8	×2	×9

倍って何だ?

はかせ かけ算の第2の山へ行く前に,倍って何かを探険してみよう。

ユカリ 倍ってことばはよく聞くわね。

サッカー うん,「あさがおの芽が,この前はかった時の2倍の長さになった」なんて時につかうよ。

ピカット お父さんが教えてくれたけど,「おすもうの輪島の体重は,ぼくの体重の5倍もある」っていうことはどういうことなのかな……
ぼくが5人いたとして,そのぜんぶの重さと同じってことなのかなあ。

はかせ ピカット君の言うとおりじゃ。2つのものをくらべる時にもつかうし,サッカー君が言ってた,1つのものが,のびたり,ちぢんだりした時に,もとのいくつ分かをいう時にもつかうのじゃ。さて,もう少し正かくに倍って何かを考えてみよう。

　はかせは,そう言うと画用紙を同じ長さに切って,長方形をつくり,重ならないように,くっつけてならべたんだ。

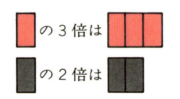

はかせ もとの長さの3つ分であるときそれを3倍,2つ分のばあいは,2倍というんじゃ。

ピカット はかせ,ピカッときました。前に3匹のウサギの耳の数を出す時に,ウサギは1匹あたり2つの耳をもっているから,3匹のウサギの耳の数は,

$$2 \times 3 = 6$$

とやったでしょう。倍の計算もかけ算でやればできるんだ。そうでしょう?

はかせ そうじゃ。ピカット君えらいぞ。

オウム では,2cmの3倍は?

ユカリ 2cm×3=6cm よ。

オウム 2cmの2倍は?

グーグー 2cm×2=4cm さ。もっと,歯ごたえのある問題を出してよ。

オウム それでは,グーグー,リンゴ2この3倍は?

グーグー かんたんさ。ええと,リンゴ2こだから,……こまったな。

ピカット べつにむずかしくないじゃないか。2こ×3=6こ,長さと同じように考えればいいのさ。グーグーは,まじめに聞いていないからだめなのさ。

グーグー そんなことないよ。ボクねてなかったもん。

① ミカン8この2倍は，いくつ？　　② リンゴ3この3倍は，いくつ？

③ 3mのリボンの5倍は，何mかな？　　④ おはじき8つの8倍は，いくつ？

第2の山

問題 この山かげに、カエルの学校がある。1クラスは29ひきで、3クラス。カエルの生徒はみんなで、何びきだろう？

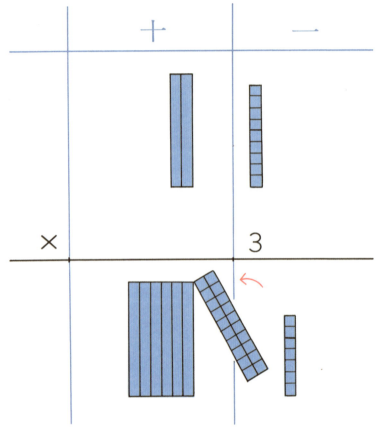

$$\begin{array}{r} 29 \\ \times\ 3 \\ \hline 87 \end{array}$$

はかせ 3×9＝27と、くりあがりのある、たいせつな問題じゃ。タイル7こは、一のくらいにおいて、くりあがった2本は、十のくらいにおく。そこで、3×2＝6の6本に、いまの2本をたすと、8本。8本と7こじゃから、87。答えは、87ひきじゃな。

| 28 | 46 | 12 | 23 | 48 | 37 | 49 | 38 | 45 |
| × 3 | × 2 | × 5 | × 4 | × 2 | × 2 | × 2 | × 2 | × 2 |

第3の山

問題 小鳥小屋のだん地が、この山の林の中にある。1かいには、43げん。それが4かいある。みんなで何げんか？

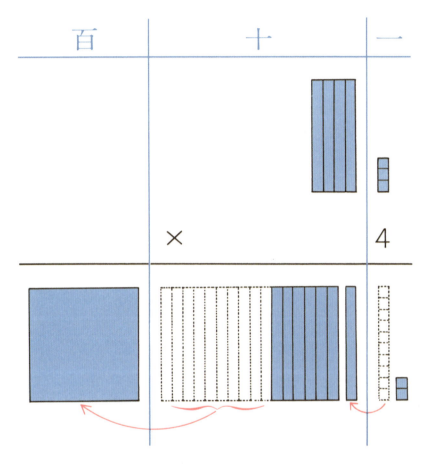

$$\begin{array}{r} 43 \\ \times\ 4 \\ \hline 172 \end{array}$$

ピカット はかせにおそわったから、かんたんさ。4×3＝12で1本が十のくらいへくりあがる。

サッカー あれ、4×4＝16でまたくりあがるよ。

ピカット 16といっても、これは1まいと6本のことだから、ぜんぶで1まいと7本と2こ。172けんだ。

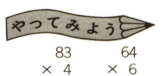

83	64	48	38	28	56	97	48	76
×4	×6	×7	×9	×5	×4	×6	×5	×8

第4の山

ここには4つのがけがある

おかしな形をした，山があった。

サッカーが，足をふみはずしたぞ！

さあ，きみも，みんなにまけないように，このがけをのぼってみよう。

第1のがけ

問題 232ページの動物ものがたりの本が3さつある。ぜんぶ読むと、何ページ読んだことになるだろうか?

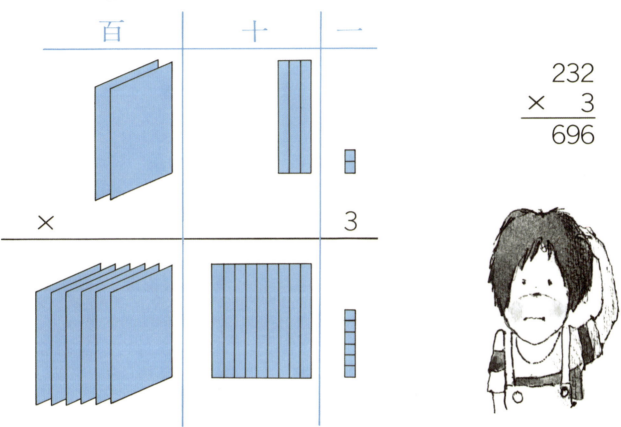

```
  232
×   3
─────
  696
```

ピカット 3けた×1けたの問題だよ。

ユカリ くらいがふえても、こわくないわ。ルールのとおり、ちゅういしてやればいいんですもの。

サッカー よし。3×2＝6で、6こ。3×3＝9で、9本。3×2＝6で、6まい。6まいと9本と6こだから、答えは、696ページだよ。できた!

```
  342    141    233    123    322    128    222    302    400
×   2  ×   2  ×   3  ×   2  ×   3  ×   1  ×   3  ×   2  ×   2
```

ちょっとひとこと

はかせ やあ，みんな，よくやってるね。ところで，タイルのことじゃが，いつまでも，タイルにたよっていてはいけない。もう，じゅうぶんにやり方がわかったのじゃから，ひとつ，けいさんの式で，れん習するようにな。わからなくなったら，タイルを思い出すようにすればいい。

第 2 のがけ

問題 おいしいチョコレートが入った箱が 3 つある。重さをはかったら，どれも 327 グラム。さて 3 つで何グラムか？

```
  327
×   3
─────
  98¹1
─────
  981
```

ピカット くりあがりに気をつけよう。
ユカリ ええ。くりあがったら，小さく書いておくようにするわ。3 × 7 = 21 で，1 を書いて，2 も小さく十のくらいに書いて，3 × 2 = 6 で，2 をたして 8，3 × 3 = 9 で，答え，981 グラム。

| 125 | 326 | 439 | 218 | 326 | 119 | 113 | 215 | 108 |
| × 3 | × 3 | × 2 | × 4 | × 2 | × 5 | × 6 | × 4 | × 5 |

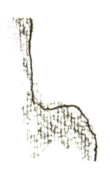

第3のがけ

問題 1周，164メートルの運動場を4回まわった。何メートル走ったことになるだろうか？

```
  164
×   4
─────
  656
```

ピカット 4×4＝16で，1あがって，4×6＝24で，5になって，2あがる。4×1＝4で，あがった2をたして，6。答えは，656メートルだ。

ユカリ くりあがりが，2回ね。

第4のがけ

問題 トラックで777この果物セットをはこんでいる。7回はこぶと，いくつはこんだことになるだろうか？

```
  777
×   7
─────
 5439
```

答 5439セット

サッカー よし，やるよ。7×7＝49で，4あがった。また7×7＝49で，あがった4と9をたすと，13。あれ，また1あがった。この1，どうすればいいの？……わかんないや。

そこで，ドスーン！ 下まで落っこちた。きみなら，もうできるね。

やってみよう

```
 178    384    786    458    846    798    894    476    958
×  3   ×  4   ×  2   ×  5   ×  7   ×  6   ×  8   ×  5   ×  4
```

　3人は,やっと山のてっぺんにたどりついた。ここはまた,なんと見はらしがいいんだろう。でも,3人は,すっかりのどがかわききっていた。

　ふと気がつくと,ひとりのおねえさんが,おいしそうないちごを売っていた。

ピカット　そのいちご売ってよ。いくらなの。

いちご売り　うまくいちごの数をかけざんで,けいさんしたら,ただであげるわ。あなたたちにだけ,とくべつにね。

　3人は,びっくりして顔を見合わせた。

いちご売り　この2ふくろのふくろにそれぞれ,3つずつ,いちごのはこがはいっているの。いちごのはこには,8こずつのいちご。さあ,いちごは,みんなでいくつかしら?

　3人は考えこんでしまった。

サッカー　ひとはこ8このいちごが,3はこで,1ふくろ分だから,8×3で24。それが,2ふくろだから,24＋24で48。わかった,48こだ!

いちご売り　たしざんをつかっちゃだめ。しっかくよ。

ユカリ　わかったわ。8×3はこで24。24×2ふくろで,ええと………48よ。

いちご売り　もっとかんたんな,方ほうがあるんだけどね。

　おねえさんは,すずしい顔をしている。

いちご売り　今,ユカリちゃんが言ったことは,(8×3)×2という式になるわね。

— 62 —

いちごの数	ケースの数	ふくろの数	ぜ ん ぶ
8 × 3 × 2			
24 × 2			= 48
8 × 3 × 2			
8 × 6			= 48

これは，はじめに8と3をかけたということよ。でもこれは8×(3×2)と3と2を先にかけても，答えは同じ。
3×2＝6。8と6で，8×6＝48。
ほら，答えが，かんたんに出てきたわ。

おねえさんは，ニッコリわらって3人に，あまくておいしい，いちごをくれた。

このようなかけざんは，どこからかけても答えは同じになるんだね。

① 8×3×4　② 5×6×3
③ 7×4×2　④ 9×1×2
⑤ 5×8×3　⑥ 2×6×8
⑦ 9×7×4　⑧ 4×5×9
⑨ 8×9×7　⑩ 1×1×1
⑪ 5×5×5　⑫ 1×2×3
⑬ 4×8×1　⑭ 7×6×0

いちご売りのおねえさんに別れをつげて、探険隊がなおも進んでいくと、目の前に草原があらわれた。青い空、色とりどりの草花、どこからともなく小鳥のさえずる声が聞こえてくる。みんなは、さっきもらったいちごを食べながら、いままで探険してきたことを思い出して、おたがいに問題をだしあったんだ。マクロは、大きな体をだらしなくのばし、グーグーは、気持よさそうに、ユカリのそばにねころんで……

でも不思議なことに、みんなすらすら問題をといてしまったんだ。オウムのタロウがたのしそうに、そんな探険隊のすがたを空からながめているよ。さあ、きみたちも探険隊のだした問題にちょうせんしてみよう。

1. ピカットのだした問題

① 4509
 +4491

② 3005
 －2006

③ 7962
 ＋1038

④ 7007
 － 98

⑤ 8468
 ＋ 539

⑥ 6987
 － 988

⑦ 58
 × 5

⑧ 72
 × 8

⑨ 25
 × 6

2. サッカーのだした問題

① 3258
 ＋6648

② 7000
 －   0

③ 705
 × 6

④ 241
 × 9

⑤ 874
 × 8

⑥ 489
 × 0

3. ユカリの出した問題

① おはじきは，わたしの宝ものよ。家に4384こあって，いま16こ持ってるの。ぜんぶでいくつ持っているでしょう？

② いまのつづきよ。グーグーとおはじきであそんで7こどられた。家にあるのもいれて，いくつになったかしら？

4. ミクロの出した問題

① 763 × 5　② 825 × 8　③ 918 × 6

④ 126 × 3　⑤ 138 × 8　⑥ 878 × 7

5. マクロの出した問題

① □＋9＝25　② 38＋□＝49
③ □−13＝78　④ □−98＝0
⑤ 7342＋□＝9687
⑥ □−3002＝3008
⑦ 9048−□＝8049
⑧ 8×3×7　⑨ 3×5×9
⑩ 4×6×5　⑪ 7×8×7
⑫ 9×9×9　⑬ 1×1×1
⑭ 8×9×0　⑮ 0×3×9

6. グーグーの出した問題

① 4356＋1232　② 6759−4628
③ 7459＋1238　④ 8723−5224
⑤ 6992＋2008　⑥ 9632−33

⑦ ボクが食べたいちごは，3こなの。ユカリちゃんは，ボクの2倍もたべたの。いくつたべた？

わりざん―1

「海って,すばらしいなあ。」
　3人は,すなはまで,青い海をながめていた。

ユカリ　こんど行く算数の国って,どんなところかしら?
ピカット　3人でまた,探険に行こうよ。

　そのころ,海の向こうの,南の小さな島で……

15 このガラス玉でできた首かざりと，24 dl のヤシのジュースと，6 m のすてきなきれをまえにして，3人の男が，おかしなけんかをしていたんだ。

男1 3人だから，3つにきちんとわけるんだぞ！

男2 おれには，とうてい，わけられないよ。おまえがやったらどうだ！

男3 どうすれば，きちんと3人にわけられるんだ！ おれにはできない。

3人は，町に買いものにきて，なかよく3つの品物を買ったのはいいけど，うまく3人でわけられなくて，大げんかをしていたんだ。

オウム ものがわけられなくて,けんかしている人がいるよ。行ってあげて!
ピカット たすけに行こう。
ユカリ まって! それはわりざんよ。ピカット君,できるの?
ピカット ………

「ものをわける」というのは,これから探険する,新しい考えかたじゃ。下の水そうの水をきちんと3つにわけてごらん。こうして,ものをわけて,その「1つ分」をもとめるけいさんを,わりざんというのじゃよ。

わけた1つ分を見つけよう

はかせ ちょっとこれをやってごらん。下のいろいろにわけられたものと，それをあらわすことばとを，うまくつなぐことができるかな。

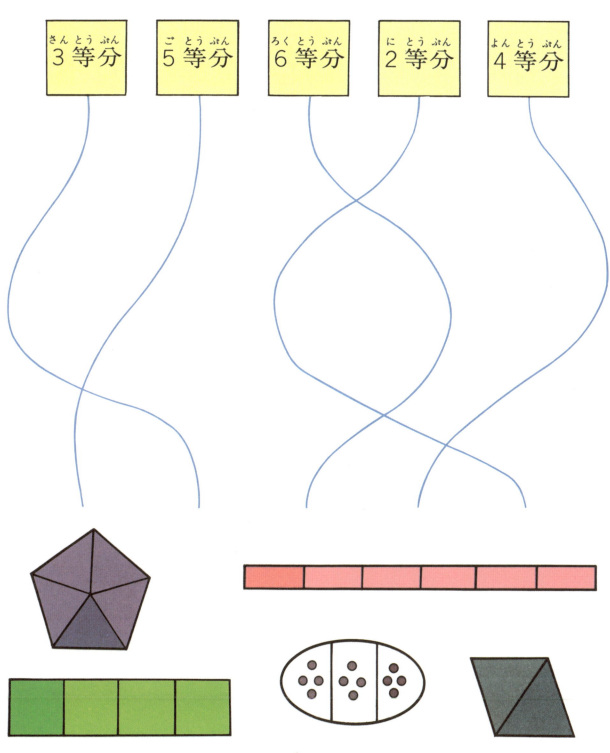

オウム 水そうに6dlの水があって、それを3人でわけると、ひとり分はどうなるのですか、はかせ?

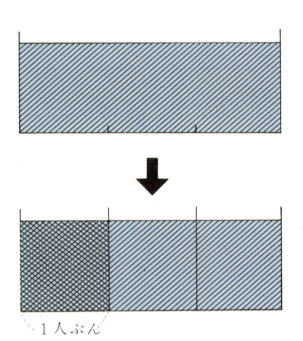

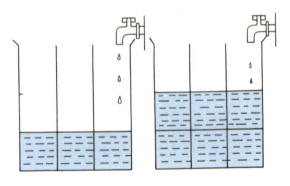

6 dl ÷ 3 = 2 dl

答　2dl

> その問題は、6dl÷3というわりざんじゃよ。
>
> 答えは左の図を見てごらん。3つにわけた1つ分は2dlじゃね。
>
> この2dlという答えは、わる数、つまり、3のだんのかけざんの九九で出てくるのじゃ。左の図を見てごらん。左が、3つにわけた1つに、1dlずつ水を入れたところ。右が、2dlずつの水がはいったところ。
>
> だから、6÷3は、まず3のだんで答えが6になる九九を見つければ、いいんじゃ。
>
> 3dlが2つ分、つまり、3dl×2＝6dlとなって、わけおわったのじゃ。

オウム 水のようなものではなくて，たとえば，キャラメル6こを3人でわけたような場合は，どうですか，はかせ？

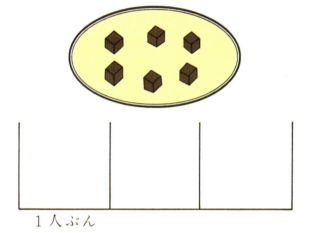

1人ぶん

なるほど。しかし，それも水そうで考えることができる。

水そうを3つにしきっておいて，そこへ，ちょうどトランプ遊びのときに，カードをくばるように，ひとつずつ，じゅんに，くばっていく。ひとつずつ1回くばったときが，

3こ×1＝3こ

2回目くばり終わったときは，

3こ×2＝6こ

この2というのが，6÷3の答えになるわけだ。

わかるね。わりざんは，こうして，かけざんの九九で，できるのじゃよ。

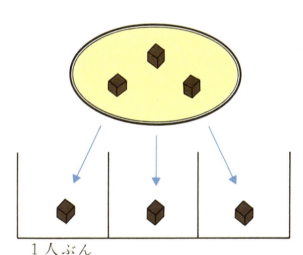

1人ぶん

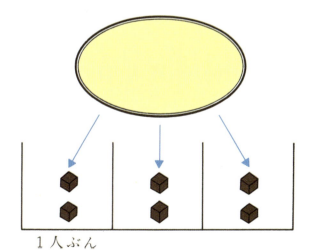

1人ぶん

6÷3＝2　　　答　2こ

― 71 ―

これでもう、わりざんのときかたは、わかったね。では、下の問題をやってみよう。
左の水そうの動きを見て、右の動きをせつめいしてごらん。

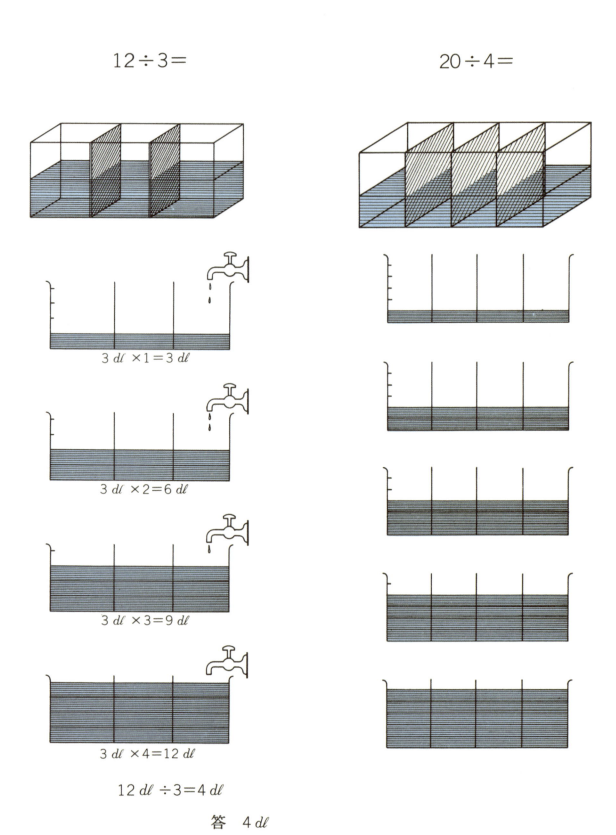

こんどは,テープをわけることができるだろうか。ここに,8cmのかわいいリボンがある。4人でわけたいのだけど,ひとりなんセンチずつになる?

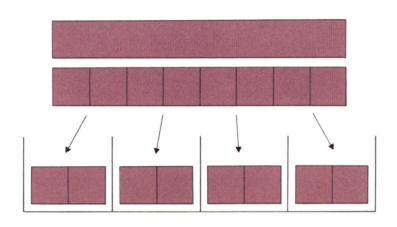

$$8\,cm \div 4 = 2\,cm$$

答 2 cm

ざっと,こんなぐあいに,水のようなものでも,キャラメルみたいにかぞえられるものでも,リボンの長さのようなものでも,みんな,わりざんができる。
　頭に水そうを思いうかべ,それをいくつかのへやにしきって,その中に,水や,キャラメルや,長さのようなものを,くばっていくのだと考えればいいのじゃ。

やってみよう

① いちごジュース8dlを,4人で同じにわけると,ひとり分はどのくらい?

② いちごが9こあるんだって。3人でわけたらひとり何こ食べられる?

わりざんのいみがわかった！

ピカット わり算は，はじめて習った新しい計算だった。わすれないように，まとめてみたんだ。どう？ ぼくのノートを見てごらんよ。わり算のいみが，よくわかるはずだよ。

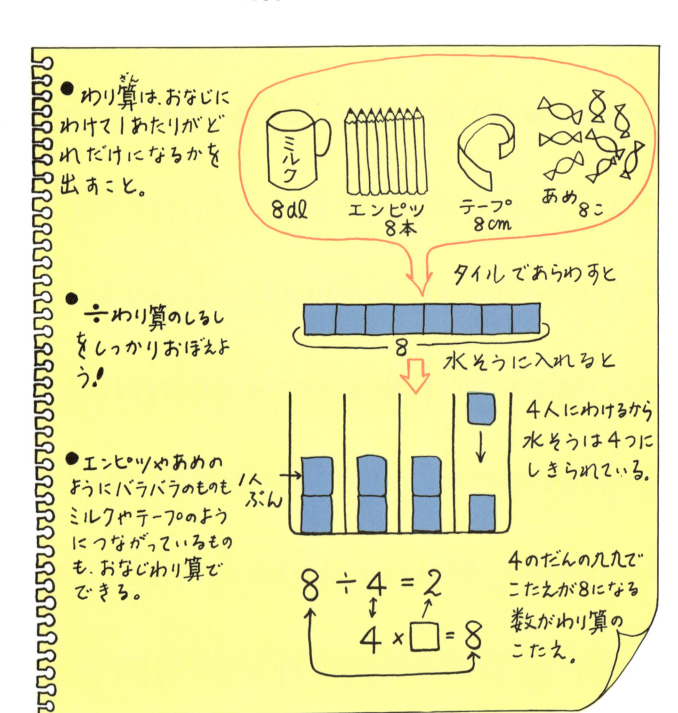

けんかの3人はなかなおり

　南の島のわりざんのできない3人を，きみ，おぼえているかい？　いよいよたすけに行くときがきたんだ。

　ユカリ，ピカット，サッカーの3人は，じしんまんまん言ったものだ。

　「わけることなら，まかしておいてよ」

　さて，きみならどうする？

　15このガラス玉，24dlのヤシのジュース，6mのぬのぎれを3人の男たちにわけるんだったね。

　そう，ガラス玉については，こんな式が立つ。

$$15こ \div 3 =$$

ヤシのジュースは，

$$24 dl \div 3 =$$

ぬのぎれは，

$$6 m \div 3 =$$

ところが……

　めでたし，めでたしと3人の男たちがなかなおりしたときだ。

ユカリ　たいへんよ！　ブラックが夜をはき出しながら，やってくるわ。

グハ、グハ、
グハハ…

ゆうとう生みたいな顔をして
いい気になるな！
それならおまえたちに問題を出すぞ！
これがわかったら ここを通るのを
ゆるしてやろう

うまそうな小ヒツジが6匹道に
まよっていた これを ひとり2匹ずつ
食うとしたら 何人のあくまが
食うことができるか？……

ユカリ なんていやな問題なの!

サッカー でも,といてみせようよ。しゃくじゃないか。

ピカット よし,がんばろう。こんなのやさしいわりざんじゃないか。

ユカリ そうよ。水そうを頭に思いうかべましょう。

サッカー そうだよ。水そうをいくつかのへやにしきれ,とはかせは言った。

ピカット うん。へやの数は,人の数とおんなじだったね。3人でわけたときは,水そう3つにしきったんだもの。でも,おかしいな……。

ユカリ なにが?

ピカット この問題では,水そうをいくつにしきればいいのか,わからないんだよ。

ユカリ どうして?

ピカット だって,あくまの数がわからないんだもの。

サッカー ほんとうだ。ひとり2匹って,答えが先に出ちゃってるじゃないか。これは,わりざんじゃないよ。なにか,ほかのけいさんだよ。

ユカリ 6匹÷何人=2匹。ほんとね!答えはもう,出ちゃってるわ!

ピカット 6に2をかけるんだろうか?
　いやもう,たいへんなさわぎになった。きみは,どう思う? これは,はたしてわりざんだろうか?

サッカー はかせ!
おねがい,たすけてくださあい!

はかせ みんな,こまっているようじゃが,ブラックは,なかなか,いい問題を出してくれたのじゃ。
6匹を,ひとり2匹ずつわけるのじゃから,これも,わりざんじゃ。何人になるか,という答えをもとめるわけじゃ。
水そうを,いくつにしきればよいか,わからないのじゃから,下のように,カーテンを引いておくことにしよう。

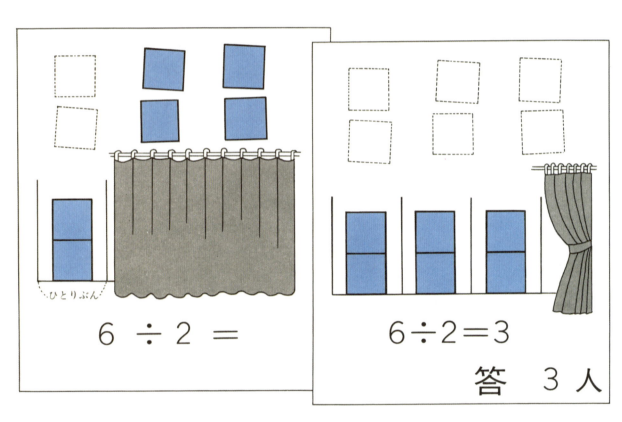

はかせ 水そうのひとつのへやに,小ヒツジが2匹。それは,わかっておる。その小ヒツジが,いくつのへやにはいっているか,考えればよいのじゃな?
ユカリ はい,そう思います。

はかせ カーテンを右へ引いて行く。小ヒツジがぜんぶで6匹になるまで,どうじゃ。へやの数が3つのところで,6匹になった。2×3=6じゃ。
ユカリ 答えは,3人ですね!

— 78 —

ユカリ ブラック！ 答えは，あくまが3人よ！

それを聞くと，ブラックはにげ出した。

はかせ わりざんには，水そうのへやにいくつくばれるかというわりざんと，水そうのへやはいくつになるかというわりざんと，ふたつあるのじゃよ。

はかせに教えてもらって，ずるいぞ。

やってみよう

1. つぎのもんだいをやりながら，ふたつのわりざんの，ちがいを考えてみよう。

    ① 6 dℓ のミルクを，3人で同じにわけると，ひとり何 dℓ もらえるか？

    ② 6 dℓ のミルクを，ひとり 2 dℓ ずつのむと，何人でのめるか？

    ③ 10このキャラメルをひとりに5こずつわけると，何人にわけられるか？

    ④ 10このキャラメルを，2人で同じにわけたら，ひとり何こかな？

2. つぎのわりざんをやってみよう。

    ① りんごが8こあるけれど，1人2こずつ食べると何人で食べられるか？

    ② ジュース 10 dℓ を，5人でのみたい。1人何 dℓ ずつのめるかな？

ブラックの出したわりざんのいみ

ピカット 水そうのへやは, いくつになるか, というわりざんを考えてみよう。ヤシのジュースの場合は, どうなる?

ユカリ 21 dℓ を 3 人でわけるという問題ではなくて, 21 dℓ をひとり 3 dℓ ずつわけたら, 何人にわけられるか, という問題になるのでしょう?

ピカット うまい, うまい。そうすると 3 × 7 = 21 で, 7 人にわけられることになる。

サッカー そのことは, たとえば 21 dℓ のジュースを, 3 dℓ いりのコップに入れていくと, コップはいくついるか, ということと同じだね。

ユカリ ぬのじをわけるときも, 20 m のぬのじを, ひとり 5 m ずつわけたら, 何人にわけられるか, ということね。

ピカット もうすっかり, ふたつのわりざんのちがいがわかったぞ。

$$20 m ÷ 5 m = 4$$

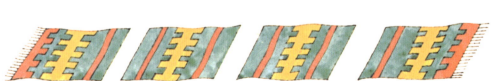

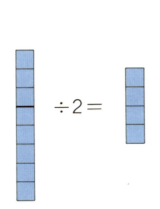 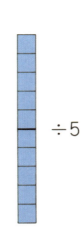 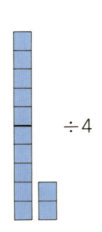

1. つぎの計算をやってみよう。

   40÷5　　18÷6　　36÷4　　48÷6　　32÷8　　81÷9　　42÷7

   48÷8　　27÷9　　45÷5　　64÷8　　21÷3　　27÷3　　45÷9

   16÷2　　63÷7　　20÷4　　16÷8　　36÷4　　24÷6　　21÷7

   6 cm÷3　　30 cm÷6　　24 cm÷3　　56 cm÷8　　14 cm÷7

   56 cm÷7　　16 cm÷4　　15 cm÷5　　36 cm÷9　　28 cm÷4

   42 cm÷6　　18 cm÷9　　63 cm÷9　　25 cm÷5　　40 cm÷8

2. つぎのもんだいをやってみよう。

   ①24円で、1まい3円の切手が何まいかえるかな。

   ②えんぴつが36本あります。6人に同じにわけると、ひとり何本か。

   ③水そうに水が81ℓはいっているけどバケツで9ℓずつくみだすと、何回でぜんぶくみだせるかな。

   ④ユカリの家には全24巻の文学全集があるけれど、ひとつきに3さつ読むとすると、何か月で読める?

— 81 —

町の中にも わりざんがいっぱい！

ユカリの家は，どこにある？
ピカットの家は，だん地だけど，
どこにあるかわかる？
いいなあ，サッカーの家は，おか
しやさんじゃないか。

サッカー おきゃくさんがきて，「1枚5円のおせんべいを，40円分くださいな」と言った。何枚あげればいい？ これ，わりざんだね。

ユカリ ばんのおかずは，ママの作ったエビフライが18こ。うちの家ぞくは，6人だから，ひとり何こになる？

ピカット ぼくは,勉強家のつもり。72ページの本を,1日に9ページずつよむと,何日かかるかい?

サッカー 公園の池で,オタマジャクシを21匹もとったんだよ。これを3人でわけると,1人何匹?

ユカリ 公園に,ビスケットを24枚持って行ったの。これを,1人3枚ずつわけると,何人にわけられるか?

きみも,わりざんの問題を考えてごらん。

÷ 1けたのわりざん

はかせのけんきゅう所は、町はずれにある、数字をくみあわせたようなたてものだ。ある日、3人はそこをたずねた。

「やあ、よくきたね」
はかせは、パイプのけむりの中から、ニッコリと顔を出した。

はかせ きょうは、わりざんをけいさんでとく探険をしてみよう。
7このりんごを、3人で同じ数にわけた。ひとり分は、いくつじゃろう？ ⌐ が、わりざんをけいさんでとくぞという記号じゃ。7÷3は、3⌐7 と書く。わられる数を中に、わる数をそとに書くのじゃ。

はかせ さて、じっさいに7このりんごを3人にわけてみよう。水そうを3つのへやにしきって、トランプをくばるように1こずつへやに入れていく。すると2回くばりで1こあまることになるじゃろう。つまり、1回くばりあたり3この2回くばり分、式でいうと、3×2＝6というわけじゃよ。けいさんするときは、この2を7の上にそろえて書く。このことを「2をたてる」というんじゃ。次に、3とたてた2を「かけて」その答えの6を7の下にそろえて書く。そして7から「ひく」のじゃ。7−6＝1。この1があまりになる。7÷3＝2…1。これでとけたことになるんじゃ。わりざんはこのように「たてる」「かける」「ひく」の3つのけいさんからできているんじゃ。

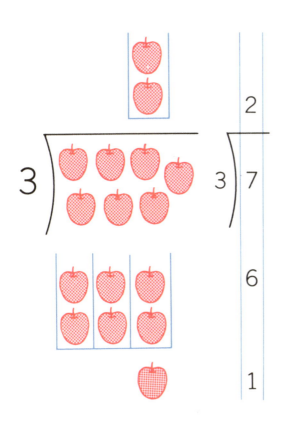

答　1人2こずつにわけられて、1こあまる。

```
   2 ……… たてる
3)7
   6    2×3  かける
   1    7−6  ひ く
```

やってみよう

4)9　6)7　3)4　2)9　2)7　8)9　4)6　7)8　3)5
2)8　3)9　8)8　1)7　4)4　1)6　3)3　7)7　1)9

6を7でわると どうなるか?

オウム 7÷3がわかったら，こんどは，この問題を考えてよ。

6つのみかんを7人でわけるとどうなるか?

ユカリ 式を書くと6÷7ね。われないと思うけど……

ピカット けいさんしてみようよ。6を7でわると，まず何がたつのかな? 1をたててみると，7×1＝7で6より大きくなってひけないから，だめだ。

サッカー じゃあ，0をたてたら?

ユカリ 7と，たてた0をかけると，7×0＝0。6からひくと，6－0＝6。

サッカー 答えは，0あまり6だ。

ピカット 左のマンガを見てごらんよ。みかんが1こたりないから，おかあさんが，はこにもどして，たなに上げちゃったよ。つまんないね。

オウム じゃあ，0÷3を考えてよ。

サッカー そんなわりざんってあるのかなあ。

ユカリ やってみるわ。0÷3は，3×0＝0。それを0からひくと，0。

サッカー 答えは0だ。

どこに「たてる」か?

$$28 \div 3$$

$3 \overline{)28}^{※※}$ ……どこにたてるか

↓

$3 \overline{)2\blacksquare}$ ……2は3でわれない

↓

$3 \overline{)28}^{※}$ ここにたてる

↓

$3 \overline{)28}^{9}$ ……たてる
27 ……かける
1 ……ひく

ピカット こんどは,わられる数が2けたになっているよ。

サッカー やってみようよ。3のだんのかけざんをやれば,いいんだもの。ええと,3×3＝9。いや,もっと大きいや。3×9＝27。ほら,9をたてればいいんだ。

ユカリ でも,そのたてた9を,どこに書けばいいのかしら?

サッカーはこまって,頭をかいた。

はかせ わられる数が2けたのときは,まず,下のくらいの数をかくしてみる。すると,2だね。2は,3でわれるかな?

サッカー われません!

はかせ われないことをたしかめたら,こんどは,下のくらいを出してみる。28にすると,3でわれるじゃろうか?

サッカー はい。3のだんでできます。

はかせ そうじゃ。われることがわかったくらいの上に,9をたてる。そのあと,「かける」「ひく」は,同じじゃよ。

やってみよう

$6 \overline{)7} \quad 9 \overline{)8} \quad 2 \overline{)1} \quad 3 \overline{)2} \quad 7 \overline{)1} \quad 4 \overline{)3} \quad 9 \overline{)0} \quad 7 \overline{)0} \quad 6 \overline{)0}$

$8 \overline{)49} \quad 6 \overline{)25} \quad 9 \overline{)82} \quad 4 \overline{)38} \quad 5 \overline{)43} \quad 7 \overline{)24} \quad 6 \overline{)50} \quad 9 \overline{)72} \quad 6 \overline{)36}$

$4 \overline{)32} \quad 9 \overline{)45} \quad 5 \overline{)20} \quad 2 \overline{)18} \quad 8 \overline{)64} \quad 4 \overline{)36} \quad 8 \overline{)56} \quad 7 \overline{)35} \quad 3 \overline{)15}$

サッカー わりざんっておもしろい。もうわかっちゃったよ。

はかせ いやいや、そんなにかんたんなもんじゃない。わりざんって、もっともっとおもしろいもんなんじゃ。

　そこで、3人は、わりざんのおもしろさを知るために、冒険旅行に出かけることにしたんだ。

ピカット つりばしは、にがてだなあ。高くて、それにゆれたりするもの……

　さて、どんな探険がまっているか──

第1のつりばし

谷川のやさしいせせらぎ。それが,うたうように,
「問題を出すよ。79この山ビワを,3人の子どもに,同じにわけたら,いくつになるだろう?」

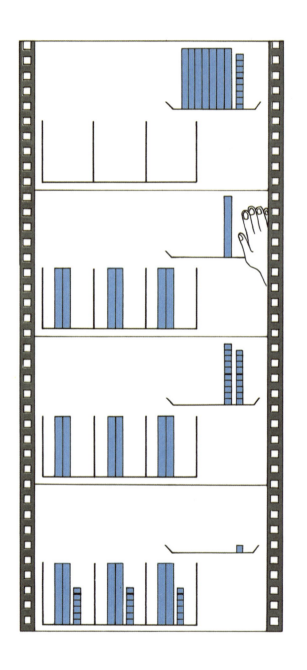

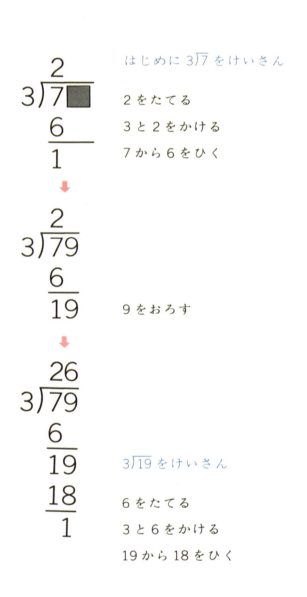

はじめに 3)7 をけいさん

2をたてる
3と2をかける
7から6をひく

9をおろす

3)19 をけいさん

6をたてる
3と6をかける
19から18をひく

答　26こずつわけて1こあまる。

ピカット よし，元気がわいてきたぞ。式は，79÷3。これをけいさんするには，3)79 だから，3のだんのかけざんで考える。ええと……

サッカー ほら，9をかくすのを，わすれちゃだめだよ。

ピカット そうだったね。おや，7は，3でわれるぞ。3×2＝6で，7の上に2をたてる。

ユカリ 3と，たてた2をかけて，6。それを7の下に書く。

サッカー 7から6をひく。あまりが1だけど，79÷3＝2……あまり1だなんておかしいなあ。

ピカット ピカッときたぞ。その1は，1といっても，十のくらいだから，タイルでいうと1本の1。つまり10のことさ。だから，ここに，上の9をおろして，19にする。そうすれば，こんどは一のくらいに6がたつ。3×6＝18。19－18＝1。だから答えは，26こ……あまり1こ。

せせらぎ 下へ9をおろすことがよくわかったね。これからのわりざんは，たてる→かける→ひく→おろす。この4びょうしのくりかえしさ。

2)37	3)44	4)53	8)92
4)75	6)87	5)64	6)93
6)71	3)83	4)95	2)39
7)82	5)89	2)59	3)71
2)33	3)55	5)73	2)91
7)99	2)57	6)76	4)57

91 ÷ 3

```
    30
3)91
   9
   01
    0
    1
```

サッカー たてる→かける→ひく→おろす，か。よし，こんどはぼくがやろう。1をかくして，ええと，3がたつな。3と3をかけて，9からひくと，あれ，十（じゅう）のくらいは，0になったよ。それから，上から1をおろして，1ではもう，なにもたたないから0。3と0をかけて0。1−0＝1。できたよ。30あまり1だ。

90 ÷ 3

```
    30
3)90
   9
   00
    0
    0
```

ユカリ こんどは，わたしがやるわ。0をかくして，$3\overline{)9}$だから，3がたつ。かけて，$3 \times 3 = 9$（さんざんがく）。9から9をひいて，0。0をおろしてきて，もう0しかたたないから，0をたてる。3×0は，0。0−0は，0。あまりは，出ないのね。

ピカット あまりが出ないことは，きちんと，わけられたということだよ。

やってみよう

$4\overline{)82}$	$5\overline{)54}$	$3\overline{)32}$	$9\overline{)98}$	$3\overline{)92}$	$4\overline{)83}$	$6\overline{)64}$	$7\overline{)75}$	$2\overline{)41}$
$3\overline{)61}$	$7\overline{)72}$	$1\overline{)10}$	$3\overline{)60}$	$5\overline{)50}$	$7\overline{)70}$	$2\overline{)20}$	$4\overline{)80}$	$3\overline{)90}$
$6\overline{)37}$	$4\overline{)29}$	$8\overline{)57}$	$9\overline{)73}$	$8\overline{)77}$	$4\overline{)34}$	$5\overline{)41}$	$6\overline{)55}$	$8\overline{)25}$
$9\overline{)81}$	$7\overline{)56}$	$4\overline{)32}$	$7\overline{)21}$	$6\overline{)24}$	$8\overline{)16}$	$6\overline{)36}$	$9\overline{)63}$	$9\overline{)90}$
$2\overline{)10}$	$3\overline{)0}$	$5\overline{)7}$	$9\overline{)9}$	$6\overline{)8}$	$7\overline{)5}$	$4\overline{)3}$	$6\overline{)9}$	$1\overline{)1}$
$3\overline{)69}$	$2\overline{)84}$	$5\overline{)95}$	$6\overline{)72}$	$4\overline{)52}$	$7\overline{)51}$	$9\overline{)99}$	$8\overline{)88}$	$3\overline{)38}$

わりざんはなぜ大きいけたのほうから計算するのか

しばらくすがたを見せなかったブラックが，とつぜん，まっ暗な夜をはき出しながら，探険隊にちょうせんしてきた。

ブラック おまえたち，いい気になるな。なぜ，わりざんだけ大きいくらいのほうからけいさんするんだ。たしざんもひきざんも，かけざんだって，一のくらいからけいさんしてきたじゃないか。それを今になって大きいほうからけいさんするなんていんちきだ。さんすうなんてやめてしまえ！

ほんとうだろうか？ブラックが言うように，わりざんを一のくらいからけいさんしたらどうなるんだろう。

サッカーは，78÷3のけいさんをはじめた。

サッカー 3)78 の7をかくして，3)8 を考えると，2が8の上にたつ。3と2をかけて6。8から6をひいて2。こんどは，十のくらいの7をおろしてと……。その7の上に，やっぱり2がたつ。3×2＝6，7－6＝1とやって，できたぞ。22あまり1だ。

ユカリ まって！　その1は十のくらいの1だから，10のことよ。それにさっきやった一のくらいに2があまってるわ。

ピカット わかった！　2をおろしてくると12。あまり12だ。

ユカリ あまりじゃなくて，まだわれそうよ。4がたって，3×4＝12，ぴったりじゃない。でも，22と4をどうすればいいのかしら？

ピカット 22と4でわりきれたんだから，たせばいい。26が答えだよ，きっと。

ほんとうに26か，たしかめてごらん。こうして一のくらいからでもけいさんできることがわかったけれど，とてもめんどう。わりざんだけは，大きいほうからやったほうが，かんたんなんだ。

— 93 —

第2のつりばし

谷間から，小鳥のさえずりが聞こえてきた。563÷3。できる？ 3けた÷1けたの問題よ。がんばってね。チッ，チッ，チ……

ユカリ 3)563 ですって。だんだん数が多くなっていくんだわ。

ピカット このつりばし，いやにゆれると思った。これができないと谷におちちゃうのかな……

サッカー 5の上に1がたつだろう？ 3×1=3で5から3をひいて2。それから，次は「おろす」だけど，6かな？ 3かな？ それとも63をいっぺんにおろすのか……わかんないや。

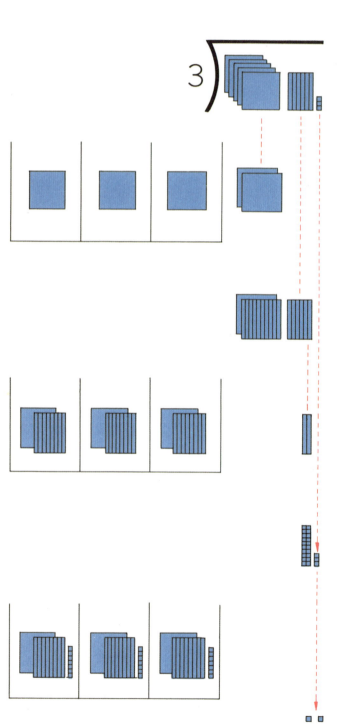

ほんとうにあぶなかった。はかせがせつめいしてくれなかったら，はしがおちてしまうところだった。

```
  1
3)5■■    ……かくして
  3         3びょうし
  2
```
↓
```
  18
3)56■    ……1つあけて
  3         4びょうし
  26
  24
   2
```
↓
```
  187
3)563    ……もう1回くりかえし
  3
  26
  24
   23
   21
    2
```

答　187 あまり2

はかせ　563から，まず63をかくそう。3)5じゃから，1がたつね。3に1をかけて，3。それを，5からひくと，2。つぎのおろすが，問題なのじゃ。このとき，つぎの63を，いちどにおろしてしまってはいけないよ。

こんどは，3をかくして，6だけをおろすのじゃ。それで，26になった。ここからあとは，今までやってきた，2けた÷1けたのわりざんと，おんなじじゃね。たてる→かける→ひく→おろす，これをくりかえしていけば，かんたんにできるのじゃよ。

タイルの動きを，けいさんに合わせて，よく見てごらん。3つにしきった水そうにタイルが，どうわけられていくか——わりざんのいみがよくわかるはずじゃ。

637 ÷ 3

$$\begin{array}{r} 2 \\ 3\overline{)6\blacksquare\blacksquare} \\ 6 \end{array}$$ → $$\begin{array}{r} 21 \\ 3\overline{)63\blacksquare} \\ \underline{6} \\ 3 \\ 3 \end{array}$$ → $$\begin{array}{r} 212 \\ 3\overline{)637} \\ \underline{6} \\ 3 \\ \underline{3} \\ 7 \\ \underline{6} \\ 1 \end{array}$$

ピカット　637 の 37 をかくすと，2 がたつな。3 × 2 ＝ 6。6－6 ＝ 0。この 0 は，けいさんの中に書かなくてもいいだろう。3 をおろすと，1 がたって，また，ひくと 0 だ。一のくらいから，7 をおろす。3)7 だから，2 がたって，3 × 2 ＝ 6。7－6 は 1 だから……

答え，212……あまり 1。

842 ÷ 3

$$\begin{array}{r} 2 \\ 3\overline{)8\blacksquare\blacksquare} \\ 6 \\ 2 \end{array}$$ → $$\begin{array}{r} 28 \\ 3\overline{)84\blacksquare} \\ \underline{6} \\ 24 \\ 24 \end{array}$$ → $$\begin{array}{r} 280 \\ 3\overline{)842} \\ \underline{6} \\ 24 \\ \underline{24} \\ 2 \\ \underline{0} \\ 2 \end{array}$$

ユカリ　42 をかくして，8 の上に 2 がたって，2 × 3 ＝ 6 で 8 からひくと，2。4 をおろして，3 × 8 ＝ 24 でぴったり。2 をおろして，3 でわれないから，2 があまり。28 あまり 2。どう？

サッカー　へんだよ。ユカリちゃん。一のくらいのけいさんをわすれてるよ。2 の上に 0 がたって，3 × 0 ＝ 0。2 から 0 ひいて 2。280 あまり 2 じゃないか。

やってみよう

3)451	2)375	6)727	5)638	8)925	3)524	7)856
4)900	3)462	7)875	3)692	2)683	4)845	6)667
3)962	4)563	5)606	2)841	5)654	3)692	2)861

622 ÷ 3

$$3\overline{)622}$$

答え あまり1

$$3\overline{)622} = 207 \text{ あまり } 1$$

ユカリのまちがいを教えてあげたサッカーが，こんどは，まちがえてしまったんだ。ふたつのけいさんをくらべて，どこがまちがったか，わかるかな？

サッカー そうか！ $3\overline{)2}$ で0をたてるのをわすれたんだ。答えの十のくらいが，ぬけてるので，へんだと思ってたんだけど……

27 と 207 じゃ，ずい分ちがうよね。

907 ÷ 3

$$3\overline{)907}$$

$$3\overline{)907} = 302$$

0をたてるのを忘れるな！
わりざんのおとしあなだぞ！

ピカット どうしよう。0をおろすことになっちゃったぞ。ブツブツいいながら，といたのが左。それを，右のけいさんとくらべてみよう。

ピカット なるほど，$3\overline{)0}$ のところは，0をたてたあと，0はおろさないで，つぎをおろせばいいんだな。そうすれば，けいさんもらくちんだね。

やってみよう

$2\overline{)211}$	$4\overline{)429}$	$6\overline{)647}$	$3\overline{)317}$	$4\overline{)438}$	$5\overline{)514}$	$7\overline{)718}$
$4\overline{)807}$	$3\overline{)905}$	$2\overline{)603}$	$7\overline{)724}$	$8\overline{)817}$	$2\overline{)815}$	$9\overline{)909}$
$3\overline{)310}$	$7\overline{)715}$	$3\overline{)920}$	$6\overline{)620}$	$4\overline{)808}$	$3\overline{)906}$	$7\overline{)707}$

602÷3

```
   200
3)602
  6
   0
   0
   2
   0
   2
```

サッカーのけいさんを見てごらん。0をおろして、0をひき、2をおろしてまた3×0=0なんて、けいさんしている。そこで右のけいさんを見せたんだ。

サッカー うーん。こんなにかんたんにできるのか。ああ、ぼくってほんとに、しょうじきものなんだなあ。

でも、まちがいじゃないから、なれれば、できるようになるよ。きっと……

やってみよう

1. 計算してみよう。

   2)801   4)402   5)503

   9)907   6)605   7)706

   4)800   2)600   3)900

   2)800   9)900   6)600

2. どこがまちがっているかな？

```
   101        210        120
4)504      3)603      8)967
  4          6          8
  4          3          16
  4          3          16
  0          0          0
```

問題ができたときの気持ちは、なんともいえないなあ。

— 98 —

第3のつりばし

　やさしい問題よ。谷川をわたる風が言った。136本のバラの花を，1人3本ずつわけたら，何人にわけられるでしょう？

136÷3

```
   0
3)1□□
   0
   ⇩
   04
3)13□
   0
   13
   12
    1
   ⇩
   045
3)136
   0
   13
   12
    16
    15
     1
```

ユカリ　すてきな問題だから，わたしにとかせて。ええと，36をかくすと，1は，3でわれない。なんにもたたないから，0をたてて……。

　おやおや，ユカリは，バラのかおりにうっとりして，3×0＝0とやりはじめたよ。

ピカット　ユカリちゃん，ちょっとまった。はじめに0をたてるのはおかしいよ。36をかくして，なにもたたなかったら，こんどは十のくらいの3を出して，3)13として考えればいいんだよ。

　そういわれて，ユカリちゃんは，がっかり。あとのけいさんは，もうできるね。答，45人にわけられて，1本あまる。

3)142　　4)177　　5)164　　6)490　　4)273　　8)339　　7)156

4)105　　5)106　　8)101　　2)103　　9)108　　6)106　　3)107

6)137　　8)257　　7)226　　6)196　　5)165　　3)280　　8)570

— 99 —

248 ÷ 4

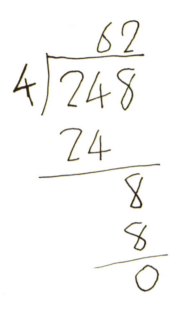

ユカリ こんどは，もうだいじょうぶ。48をかくすと，4)2̄で，2は，4でわれないから，4を出して4)2̄4̄とするでしょ。4×6＝24で，6がたつわね。24－24＝0。

8をおろして，4)8̄だから，2がたって，あまりが0。あまりが0になるのは，わりきれたことね。

サッカー おみごと，おみごと。

211 ÷ 3

サッカー 一のくらいの1をかくせば，3)2̄1̄だね。いくつが，たつだろう。でも，たてるって，とてもむずかしいなあ。3のだんの九九をぜんぶやらなくちゃ，わからないみたいだもん。ええと，3×7＝21で，ぴったりだ。そこで，1をおろす。なるほど，0をたて，この1は，あまりだよ。

ピカット すごいな，サッカー君。

やってみよう

3)2̄4̄7̄　4)1̄6̄5̄　8)2̄4̄9̄　9)2̄7̄8̄　6)3̄0̄6̄　8)5̄6̄8̄　9)3̄6̄9̄

7)2̄1̄6̄　8)4̄8̄5̄　5)3̄5̄4̄　3)2̄7̄2̄　8)3̄2̄5̄　2)1̄8̄1̄　4)3̄6̄7̄

6)4̄8̄0̄　9)8̄1̄0̄　7)4̄9̄0̄　8)2̄4̄0̄　9)6̄3̄9̄　8)2̄4̄8̄　2)1̄6̄0̄

— 100 —

第4のつりばし

1匹のサワガニの子どもが出てきて、言った。
「問題だよ。7648このお星さまを、ボクの3つのポケットに入れたら、いくつずつはいる?」

7648÷3

```
    2549
 3)7648
    6
    16
    15
     14
     12
      28
      27
       1
```

答　2549こずつはいって、
　　1こあまる。

　ユカリたちは、思わず、顔を見合わせてしまった。3)7648 という問題もすごいが、空の星をポケットに入れる話なんて、聞いたこともない。

ピカット　この子ガニ、ゆめでも見たんだよ。たいせつなのは、けいさんするということさ。やろうじゃないか。

サッカー　でも、4けた÷1けたの問題なんか、はじめてだよ。

サッカー　でも、はかせが出てこないのは、きっと、ぼくたちだけで、とける問題だからなんだよ。

ユカリ　そうかもね。やりましょうよ。

　そのとおり。4けた÷1けたになっても、たてる→かける→ひく→おろすの4びょうしが、1かいふえるだけだ。3人といっしょに、さあ、きみもがんばろう。

やってみよう

2)9385	4)5957	3)7453	7)8632	6)9754	4)5365
4)8452	9)9999	6)7266	3)9636	5)9550	6)6006
8)8088	5)4005	7)2240	9)8118	4)1324	5)2205

　第4のつりばしをすぎると，たくさんの動物たちが遊んでいた。
サッカー　いろんな動物が，たくさんいるよ。
ユカリ　みんなしぜんの中で楽しそうね。
　ねむっていたグーグーが，きゅうに目をさましたんだ。

グーグー　1年365日ねむっている人は，いったい何週間ねむっていることになるのかな。ムニャムニャ……
ピカット　わり算の問題だよ。
サッカー　自分でとけよ。グーグー。
　サッカーに言われて，グーグーは下をむくと，かなしそうな声で言った。
グーグー　365÷7だということはわかる

707本のバナナを1週間で食べるには、1日に、何本ずつ食べたらいいんだろう？

ドングリを902こひろったの。3びきで同じにわけると、いくつずつになるか？

山の池に、9995ℓの水がはいっている。わしの鼻は、1かいに5ℓの水をすえるが、池の水をぜんぶすうには何かいかかるじゃろう？

んだけど、ボクにはとけないんだよ。そんな悲しそうな顔をしないで、いままで探険してきたことを思いだしてごらん。ほら、たてる→かける→ひく→おろす、あの4びょうしのリズムを……

1. ① 2)79　② 4)89　③ 4)80
   ④ 3)436　⑤ 7)789　⑥ 6)655

2. ① 7)704　② 4)803　③ 9)908
   ④ 4)292　⑤ 8)336　⑥ 5)415
   ⑦ 6)368　⑧ 2)187　⑨ 3)277

3. ピカットは、この4年間で6572のアイデアを思いつくと決心した。では、1年間でどのくらい、ピカッとこなければならないかな？

— 103 —

ユカリ　なんてきれいな，夕やけ雲!

ピカット　わりざんとも，しばらく，お別れだね。

サッカー　あ，一ばん星だ!

ユカリ　つかれたわ。でも，とてもいい気持よ。

ピカット　こんど，さんすうの世界にくるのは，いつだろう。

サッカー　あの雲，なんの形に見える?

ユカリ　さよならしてるみたいよ。

サッカー　ほんとだ。さようなら!

ユカリ　さようなら!

　空には，一ばん星のほかにも，二ばん星，三ばん星と，
つぎつぎにかがやきはじめたんだ。

これで、4けたの数からはじまって、たしざん、ひきざん、かけざんときて、÷1けたのけいさんまで、ぜんぶ終わったね。ここまでやった人は、第2巻の「いろいろな単位」か、第5巻の「形と遊ぼう」に、ちょうせんしてもいいと思うよ。じゃ、また会おう！

大きい数

　星のきれいな砂丘で, ミクロは, すなつぶを数えながら言ったものだ。

ミクロ　いったい, いくつまで数えればいいのよ。

　星を数えていたマクロが答えて言うには——

マクロ　今, 百億まで数えたよ。兆まで数えたら, いいことにしよう。

　きみ, 兆ってどれくらいの数だか, 見当がつくかい?

　新しい探険は, まず, そこから出発だ。

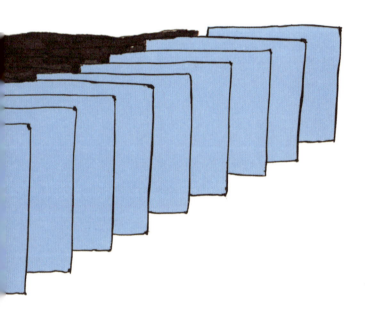

ユカリ うわあ，ピエロの整列！

ピカット 手に持っているのは，タイルらしいけど，どんな意味があるんだろうね。

マクロ あのタイルは，一万のタイルさ。これから，10000以上の大きい数の探険をするんだから。

サッカー すると，これは，1万，2万，3万とかぞえていくための整列なんだね。

マクロ ちがうんだ。おいらの説明がおくれたけど，これは近くで大きく見える一万のタイルも，遠くなるにつれて，だんだん小さく見えるってことなんだよ。

ユカリ それだけのこと？

マクロ じつは，それが，これからとてもたいせつになるんだ。

見かたを かえれば 同じなのさ！

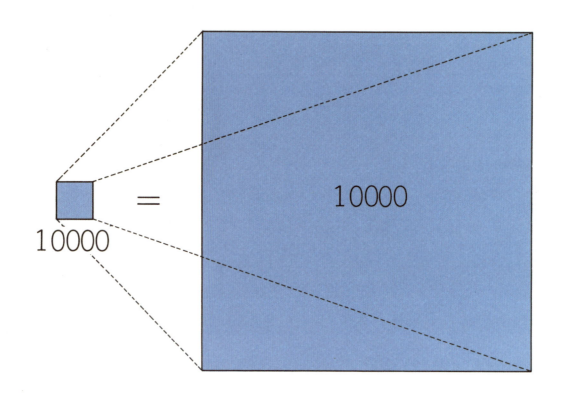

ユカリ マクロ君は，どうして望遠鏡をさかさまに見るの？

マクロ こうすると，近くのものが遠くになって，小さく見えるからさ。

ミクロ これが，マクロの悪いくせなのよ。望遠鏡は，遠くのものを近くにして，大きく見るものなのに……

　ミクロが，マクロのことをひなんした。でも，マクロはのんびりと，

マクロ こうして見ると，ほら，一万のタイルが，小さく見えるだろう。見かたをかえれば，同じ一万のタイルが，大きくも小さくもなる。おもしろいだろう。

ミクロ ちっともおもしろくないわ。

マクロ そうは言っても，これから大きい数を探険するためには，大きいものも，いちど小さくして考える必要があるんだ。

　こうして，望遠鏡をさかさにして，大きなものを小さく見る見かたを，マクロ的見かたっていうんだよ。

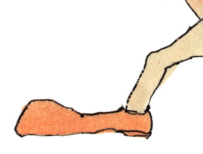

ピカット　でも，大きい数って，じっさいには，そんなに使われないだろう。

マクロ　とんでもない！　たとえば，地球から太陽までのきょりを知っているかい？

サッカー　教えて！

マクロ　149600000000 m だけど，きみに読めるかい？

サッカー　読めないなあ。

マクロ　日本の人口は，約100000000人，アメリカの人口が，約200000000人，世界でいちばん人口の多い中国が，約750000000人，世界中の人口は，約3632000000人さ。読めるかい？

ピカット　読めないなあ。

マクロ　こんなのは，まだまだちっぽけな数さ。日本の国が使う，国家予算なんか，どのくらいあるか調べてごらん。

サッカー　ぼくのおこづかいの何倍かな？

マクロ　この地球ひとまわりの長さは，約40000000 m，地球が太陽のまわりをまわるきょりは，約1000000000000 m さ。こんなふうに大きい数をあつかうときは，一万のタイルを小さくしてしまわないと，その大きい数をつかむことができないんだ。つぎのページを見てごらん。

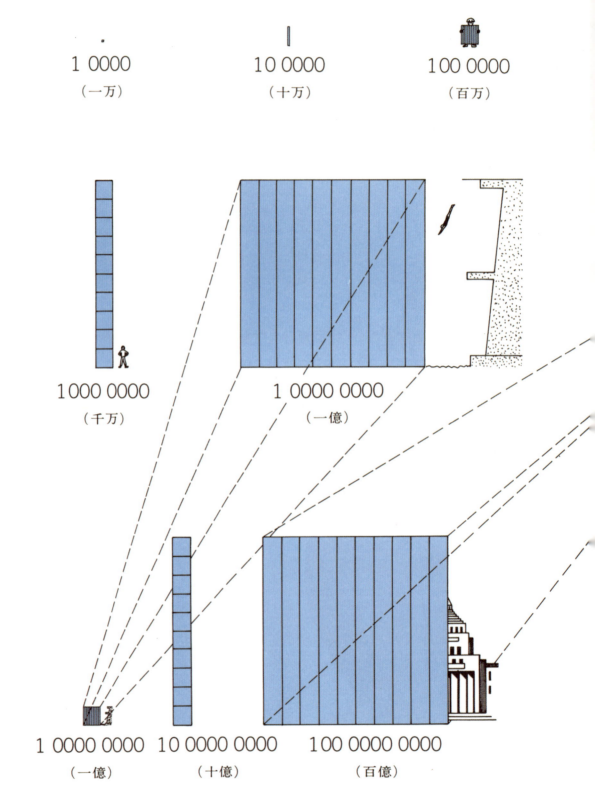

マクロ 左の小さな1mm²のタイル，あれが，一万さ。一万のタイルが10こで，十万。十万が10本で，百万。

百万のタイルが10まいで千万，千万がまた10本で，一億(おく)になるね。ところがもっと大きい数を考えるときは，一億のタイルを左下のように，もういちど，望遠鏡で見て，小さくしなくてはならないんだ。だって，この本からはみ出しちゃうからね。そして百億までできたら，もういちど左下のように小さくする。そうすれば，一兆(ちょう)の数だってあらわせる。

ユカリ 1mm²のタイルが，一兆こ集まったらじっさいには，どのくらいの大きさになるのかしら？とちゅうで2度も小さくしないでさ。

マクロ 計算してごらん。たて・よこ1000mの正方形のタイルになるよ。一辺が東京タワーの高さの3倍ぐらいもあるだろう。

ユカリ すごいわねえ。

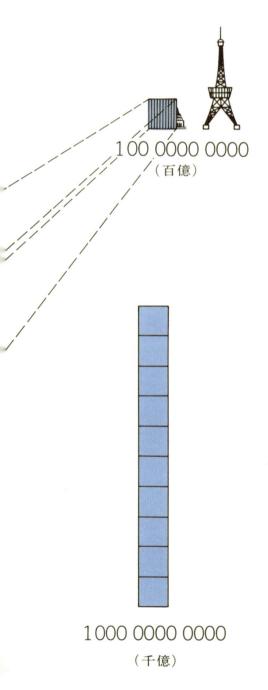

100 0000 0000
（百億）

1000 0000 0000
（千億）

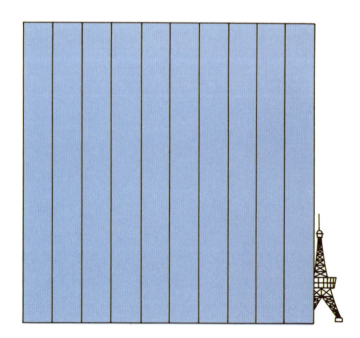

1 0000 0000 0000
（一兆）

十進法について

サッカー マクロ君の言うことは，やっぱりでっかいなあ。

ピカット でも数字がズラリと並んでいてすぐ読めなくてこまるね。

	兆				億				万				一		
千	百	十	一	千	百	十	一	千	百	十	一	千	百	十	一
3	0	7	3	5	8	6	7	8	6	9	8	2

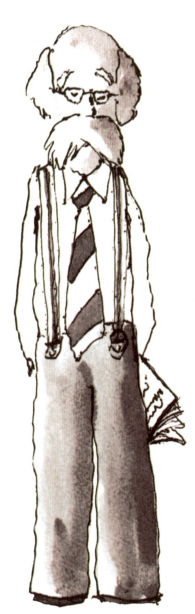

博士 そこで，わしが説明にあらわれたわけじゃ。もう，みんなも知っていることじゃが，1が10こ集まると10，10がまた10こ集まると100……というふうに，10こ集まるごとに位が上がり，0が1つずつふえて行く。これを十進法というのじゃな。

ところが，1兆になると，なんと0を12こも，書かなくてはならなくなる。そうなると，てきとうなところで区切りをつけなくては，読むにも，書くにも不便じゃね。そこで，上の図を見てごらん。

兆までの数が，それぞれ，一，十，百，千という，4けたずつの集まりにわけられているじゃろう。じゃから，3073586786982という数は，三兆七百三十五億八千六百七十八万六千九百八十二，と読むことができるのじゃ。

さて，兆とは，どれほど大きい数じゃろうか。マクロ君は，1 mm²のタイルを一万として考えたが，こんどは，一を1 cm²のタイルで考えてみよう。1 cm²のタイルで百というと，どのくらいじゃ？

ユカリ たて・よこ10 cmの大きさです。

博士 そうじゃ。すると，一万のタイルでは？

ピカット ええと，一辺が1 mの正方形。

博士 では，1兆を考えてごらん？

ピカット 1 m²のタイルが100枚で，100 m²になって百万。100 m²が100枚で，ええと，100 m×100 mになって1億。へえ，校庭くらいの広さになるんだ。それから，10000 m²が100枚で，たて・よこ1000 mの正方形になって100億。それが100枚で，一辺が10000 mの正方形になって，1兆。ほんとかなあ！

ピカットの答えは，あってるだろうか？ 確かめてごらん。

1. つぎの数をよんでごらん。

兆				億				万				一			
千	百	十	一	千	百	十	一	千	百	十	一	千	百	十	一
		2	3	1	6	2	5	2	7	1	9	5	7	6	4	3
7	0	6	2	5	8	0	0	0	0	0	0	5	4	2	9
3	0	0	0	0	0	0	0	4	0	0	2	0	7	0	3
4	0	0	0	0	0	0	1	0	0	0	0	0	0	0	0

2. つぎの数をよんでみよう。百万の位の数はどれかな?
   ① 249615735　　② 48397156128864　　③ 38372997841　　④ 33560481227
   ⑤ 314159265000　⑥ 4011097120　　　⑦ 99581000000　　⑧ 59009400030002
   ⑨ 12700000　　　⑩ 1388000000　　　⑪ 9400000000000　⑫ 6400000

3. 数字で書いてみよう。
   ① 八千九百三十二兆二千六百十八億五千四百八十九万六千三百二十一
   ② 二十一億八千六百五十二万九千
   ③ 八百十五億七十三万四千四
   ④ 四十一億四千五百一
   ⑤ 三兆五十億十万九千八百八
   ⑥ 九百兆十八億二万三千九百七十
   ⑦ 六千八百四十二兆八千三百五十九億四千二百四十万七千五百六十二

4. どちらの数が大きいかな? ＞, ＜, ＝の記号を入れてごらん。
   ① (8888888888　　888888888)　　② (37624081　　41500323)
   ③ (101010101010　101011010101)　④ (807200000001　八千七十二億一)
   ⑤ (900000045003　九兆四万五千三)　⑥ (382103400313　382013400314)
   ⑦ (七兆四千五万　70000400050000)　⑧ (400030078942　四千億三千万)
   ⑨ (870078000000　87007800000000)　⑩ (700000000006　70000000006)

大きい数の計算

サッカー ぼく，大きい数の計算なんか，にが手だよ。読むのがやっとなんだもの。
ユカリ わたしも，こまるわ。
マクロ でもね，この世の中には，大きい数の計算をしなくちゃならないことが，山ほどあるんだよ。

ピカット たとえば，どんな？
マクロ 大きい都市が出すごみだって，1日に何万トンにもなるし，使う水の量だって，ガソリンの量だってすごいもんさ。でも，大きい数の計算といっても，やさしいよ。

くり上がりに注意すれば，数が大きくても，へいきだよ。わからなかったらp.27へ！

```
  388432576932        43000900302
+ 492567423068      +56999199698
```

```
  734678924327        81030902035
+ 274853975979      +29979148777
```

1. つぎの計算をやってみよう。

```
  9999999999           987654321
+ 9090700801        +123456789
```

2. 数字で書いてみよう。
   ① 一兆より一大きい数
   ② 九百十九億九十九より一大きい数
   ③ 八兆九千億一より九十九大きい数

3. つぎの計算をやってみよう。

```
  8764584378          7680000304
- 3575684379        -3579579485
```

```
  10000000008         8700503298
-  7856932789       -5979693299
```

```
  70000803021         5000000002
- 68974904012       -4999989993
```

くり下がりに注意！
p.35にもどれ！

4. 数字で書いてみよう。
   ① 百億より一小さい数
   ② 一億一より二小さい数
   ③ 四億二万二より二千二小さい数
   ④ 百兆より九億小さい数

p.56 をたしかめろ!

5. つぎの計算をしてみよう。

```
  92395679        42335679
×        5      ×        7


  34247619        78325679
×        7      ×        5


  12345679        72345879
×        9      ×        8
```

6. つぎの計算をして，答をすぐ読めるかな？

① 127896543247563 × 4

② 210090070090605 × 6

7. つぎの式をたて書きに直して計算してみよう。

① 7069243584 × 7
② 908050809070 × 4
③ 10104070437325 × 8
④ 19351666666668 × 6
⑤ 12625875383838 × 8

8. つぎの計算をやってみよう。

① 3)487934324
② 4)735987543
③ 7)847918478
④ 2)486468429
⑤ 9)819188190
⑥ 6)363042481
⑦ 7)210000147
⑧ 3)100000101
⑨ 8)240008096
⑩ 5)632478945
⑪ 3)478907562
⑫ 8)656087968

たてる，かける，ひく，おろす 4拍子だったね。p.91 へもどれ。

9. つぎの問題をといてみよう。

① 34533 この消しゴムを9つの学校にひとしくわけました。1つの学校は，消しゴム何こもらえたでしょう？

② 85600 このボールを1人8こずつもらうと，何人がもらえるでしょう？

10. どちらが大きいかな？

① (48972÷8   48982÷9)
② (73824×3   1771784÷8)
③ (5867005÷5   5871505÷5)
④ (3789672÷3   7579344÷6)
⑤ (120286264÷4   7504389×4)
⑥ (7890042÷3   13150060÷5)
⑦ (1321584×3   31718008÷8)
⑧ (8572858×7   60010006÷1)

かんづめのうさぎは何匹か？

マクロ ここに，おいしそうなアーモンドのかんづめがある。

ミクロ これは，あたいに説明させて！ ほら，レッテルにかわいいうさぎがいるでしょう。そのうさぎがまたアーモンドのかんづめを持っているの。ふしぎでしょう。

ユカリ ほんと！ 絵の中のうさぎが，またかんづめを持っているわ！ そして，その絵の中のうさぎが，またかんづめを持っている。そして，その絵の中のうさぎが，また……

サッカー どこまでも，つづいて行くんだね！

ピカット きりがないんだろうか？

ミクロは，にっこりわらって言った。

ミクロ そうよ。きりがないのよ。うさぎが，かんづめを持ってる絵なんだもの。どんなに小さくなっても，どこまでも，つづくのよ。

サッカー 点になって，見えなくなっちゃうよ。

ミクロ 見えなくなっても，まだつづいているのよ。

ユカリ バイキンぐらいになっても？

ミクロ この望遠鏡で見るといいわ。きりがないことがわかるから。

— 118 —

ミクロ　こんどは，このへやにいらっしゃい。鏡のへやよ。さ，ユカリちゃん，鏡を持って，鏡の前に立ってちょうだい。

ユカリ　まあ，鏡の中に，ずうっとわたしが写っているわ。

サッカー　ほんとだ！　ユカリちゃんが小さくなりながら，ずっと写ってる。

ミクロ　さあ，ユカリちゃんが何人いるか，かぞえてごらんなさい。

ユカリ　わたしはひとりよ！

ミクロ　あなたじゃないの。鏡の中のユカリちゃんをかぞえて。

ユカリ　たくさんいて，かぞえられないわ。

ピカット　大きい数を使えば，きっとかぞえられるさ。

サッカー　いや，何兆という数を使っても，まだかぞえられないのかもしれないよ。

ミクロ　そう。サッカー君のいうとおりよ。数には，どんなに大きくても，かぞえきれる数と，こんなふうにきりがなくて，ぜったいにかぞえきれない数があるの。

ユカリ　なんだか，こわいみたい！

マクロ　かぞえきれる数を，有限というんだ。かぞえきれない，はてしのない数を，無限という。「限り」が「無い」という意味さ。

ピカット　もし，無限に遠いところへ行きたいと思って，ロケットに乗ったとしても，そこへはぜったい，たどりつけないんだね。

　3人は，だまってしまって，そうっと顔を見合わせたんだ。

　正多角形の辺のまん中を線でむすぶと，また正多角形ができる。たとえば正五角形の辺のまん中を線でむすぶと……，ほらね！

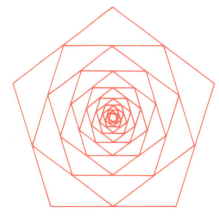

大きい数の話

博士 せっかくマクロ君がいるのに，わしが説明なんかしては，すまないみたいじゃが，兆よりも，もっと大きな数があるのを知っているかな？ たとえば，つぎのとてつもなく大きい数を読めるものなら読んでみたまえ。

60000000000000000000000

この数は，60垓というんじゃよ。あまり聞いたことがないかもしれないね。ところで光が1秒間に地球を7まわり半することは知っているね。天文学では，光が1年かかって走る距離を1光年として，星と星の間の距離をはかったりするんじゃよ。1光年は，約九兆四千六百七十億キロメートルなのじゃ。だからこのように大きい数字を天文学的数字というのじゃ。さてさっきの話にもどるとしよう。兆よりも大きい数はどう呼べばいいのかということじゃったな。億に10000をかけたものが兆じゃったね。その先も同じなのじゃよ。

兆×10000……京
京×10000……垓
垓×10000……秭

その先も，10000をかけるごとに，穰，溝，澗，正，載，極，恒河沙，阿僧祇，那由他，さらに那由他に10000をかけて，不可思議，そし

てさいごに無量大数まで呼び名があるんじゃ。この無量大数は，なんと1に0が68こもつくんじゃよ。お父さんやお母さんや友だちにこの話をして，びっくりさせたらどうじゃ。ハッハッハハハ……

びっくりするといえば，昔の人には，百万という数がものすごく大きかったらしいのじゃな。古代エジプト人は，百万をあらわすのに両手をあげておどろいている人を形にした文字をつかっていたんじゃよ。

マクロのポケットのワッペンは，エジプト人がつかった百万さ。

グハ、グハ、グハハ……
みんななまいきだぞ！
この本を読んでるお前も
勉強なんかやめちまえ！

なにを！ ブラックめ！
いつも，じゃまをして！

ブラック おまえこそ，なんだ！ ユカリにあまったれて，ねむってばかりいるくせに。
グーグー なんだと！ ボクは，勉強はすきじゃないけど，勉強をばかにするやつは，大きらいだ！
ブラック 勉強がなんになるんだ。テスト，テストとおいかけられて，10点あがったの，さがったのと，そんなことばかり気にして，親や先生の顔色ばかりうかがってる。そんなことでどうするんだ！ 遊べ，遊べ！ やくにたたない勉強なんかやめて，子どもは遊んでいればそれでいい！
グーグー そりゃ，テスト主義はいけないさ。それは，博士がいつも言ってることだ。勉強がいやになって，ブラックみたいなやつが出てくるのも，テスト主義のせいかも知れないんだ。でも，ほんとうは，勉強はおもしろいものだし，勉強しなければ，世の中の進歩だってないじゃないか！
ブラック なまいきいうな！ 世の中が進歩したから，公害だらけになったんだぞ！
グーグー それなら公害を，どうしてなくせばいいんだ？ やっぱり，勉強して，なくしていかなくちゃならないんだ。知りたいこと，おもしろいことを探険して行く，それがほんとうの勉強なんだ！

さて，きみは，どっちの意見の味方かな？

— 121 —

かけ算—2

　いやまったく,あの日,ブラック相手にたたかったグーグーは大したものだった。やりのようなしっぽをまいて,ブラックはひょこひょこ,にげ出したんだもの。
ユカリ　グーグー,あなたは,ただのねむたがりやじゃなかったのね。
ピカット　見直しちゃったよ。グーグー。
　みんなにほめられても,やっぱり,グーグーはグーグー。これから,かけ算(2)の探険が始まるというのに,なんともうゆめを見てるんだ。

— 122 —

2けた×2けた

でも，どうやら，かけ算のゆめを見ていたらしい。こんなねごとを言ったんだ。

グーグー 子どもがおかあさんに聞いたの。「おやつはなあに？」「ナシよ」「つまんないな。ないなんて」と，子どもは，がっかり。でも，おかあさんは，ナシが12こはいっているふくろを，23ふくろ持っていたんだ。ぜんぶで，いくつ？

ナシをタイルであらわすと……

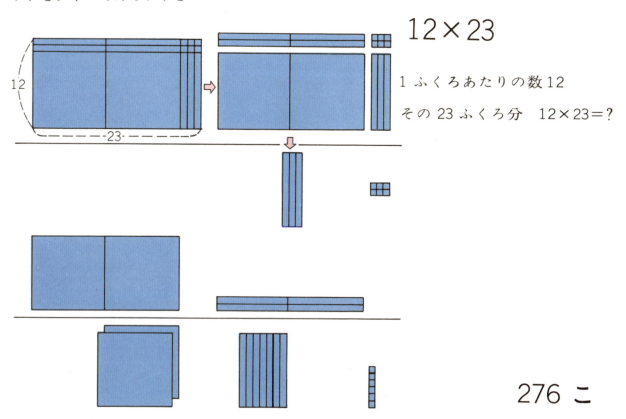

12×23

1ふくろあたりの数 12

その23ふくろ分　12×23＝？

276こ

サッカー わらい話みたいな問題だな。

ユカリ でも，わらってなんかいられないわ。23×12という計算，むずかしそうよ。

ピカット それなら，タイルで考えてみようよ。12このタイルを1列にならべる。それが，23列分ということだろう。

サッカー 12こは，1本と2こ。それが，23列分だから，ええと，百のタイルが2まいと，十のタイルが，上と，よこに7本。それに，一のタイルが，6こになったね。

ユカリ ええ。だから，2まいと7本と6こで，276。答えは，ナシ276こよ。

サッカー でも，これを計算の式でやると，どうなるんだろう。

ピカット そうだなあ。まてよ，ピカッときそうだぞ。ほら，6このタイルは，3×2で出るだろう。

$\begin{array}{r}12\\\times 3\\\hline\end{array}$ なら，36になるんだよ。もうすこしで，わかりそうなのになあ。

— 123 —

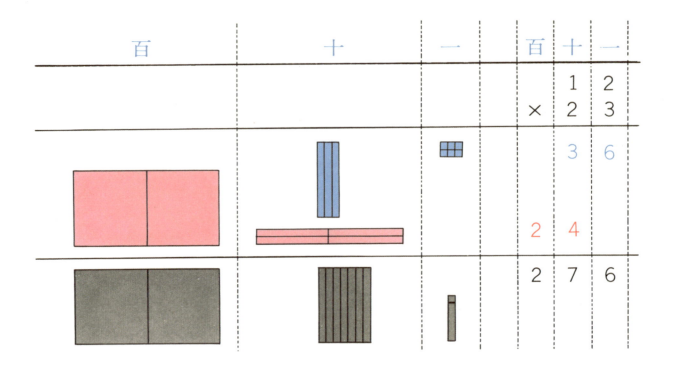

ユカリ 12×3＝36は，わかるわ。タイルを式のようにしてやると，上の図のようになるでしょ。よく考えましょう。

サッカー 12を1本と2こにわけて，こんどは $\begin{array}{r}12\\\times20\end{array}$ を考えてみたら？ 12この20列分だから，240。36＋240は，276になるよ！

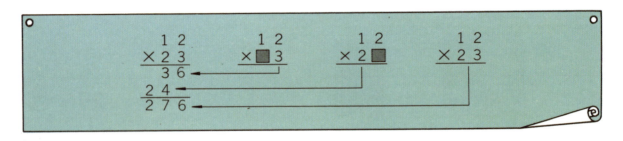

博士 いやあ，りっぱなものじゃ。よく， $\begin{array}{r}12\\\times\ 3\end{array}$ と $\begin{array}{r}12\\\times20\end{array}$ にわけて考えたね。
上の計算を見てごらん。はじめに十の位をかくして，12×3を計算する。つぎに，3をかくして十の位の2を出して，2×2，それから，2×1と計算する。

　注意しなくていけないのは，十の位の2を，2×2と上の2にかけたとき，答えの4を，きちんと十の位に書くことじゃよ。

— 124 —

39×75

```
   39
 × ■5
  195
```
↓
```
    39
  × 7■
   195
  273
  2925
```

ユカリ まず7をかくして，39×5の計算よ。

ピカット こんどは，5をかくして，39×7の計算だ。先に下の位へかけるんだね。
7×9＝63，6あがって，7×3＝21。このとき気をつけるのは，63の3を，きちんと十の位の，9の下に書くことだ。

サッカー これで，195と273が出たけど，
 195
 273
この位どりをまちがえずに，下の位からたして行く。できた！ 2925だ！

×1けたの計算を2回すればいいんだ。
位どりに注意すればできる！

やってみよう

```
  23    21    28    33    11    71    23    31    81    42
 ×12   ×43   ×11   ×32   ×89   ×31   ×23   ×63   ×71   ×22


  23    31    13    31    24    19    64    33    62    74
 ×42   ×53   ×94   ×26   ×26   ×18   ×18   ×93   ×46   ×54


  56    89    47    38    99    18    45    78    36    66
 ×78   ×98   ×56   ×76   ×44   ×47   ×16   ×77   ×16   ×55
```

7×48　　　　　　　　　　　　　4×12

```
   7              7              4            4
 × 8            ×4             ×2           ×1
 ───            ───            ───          ───
  56             56              8            8
                28                            4
                ───                          ───
                336                           48
```

サッカー　へんな形の式だなあ。まあ、いいや、まず4をかくし、8×7＝56。こんどは8をかくし、4×7＝28。この8を、十の位にそろえて書く。
　56
　28　これを、位どりをまちがえずにたし算すると、236。やったぜ！

ユカリ　まって、ちがうわ。
　56
　28　は、336じゃない？

サッカー　しまった！たしざんなんか、まちがえちゃった。おそまつ、おそまつ。

ユカリ　こんどは、わたしがやるわ。形はへんだけど、やさしそうよ。
　2×4＝8、1×4＝4。合わせて、……へんなたし算ね。48でいいのかしら。

ピカット　位どりさえきちんとしてれば、だいじょうぶさ。

ちょっと、右にあるピカット君の計算を見てごらん。どこかへんだよ。

```
   85             8
 ×48           ×37
 ───           ───
  640            56
  340            24
 ────           ───
 4040            80
```

3けた×2けた

こんどは，オウムのタロウが問題を出した。

オウム グーグーは，ねむってばかりいるから，こんどは，グーグーに答えてもらいたいな。いいかい？

231×12

グーグーは，目をぱちくりした。

オウム 毎月231円ずつ，1年間，貯金したら，いくらになる？ グーグー，計算してごらん。

グーグー かんたんだよ。2310円さ。

ユカリ おかしいわ，グーグー。どんな計算をしたの？ そうか，10をかけちゃったのね。1年は12か月なのに。

グーグーは赤くなりながら計算しなおした。

グーグー ええと，$2\times1=2$, $2\times3=6$, $2\times2=4$。こんどは，$1\times1=1$, それから，$1\times3=3$, $1\times2=2$, ……それをたせばいいんだよ。

だれの計算が正しいか？

```
  5837          8248          4982         3798
×   72        ×   46        ×   34       ×  98
-----         -----         -----        -----
11674         49488         19928        24324
40859         32962         14946        638172
------        ------        ------       ------
420264        379108        169388       663496
```

　　　　　　　　（ピカット）　　　（ユカリ）　　（グーグー）

ピカット まあ，ぼくにまかしとき。ルールどおりにやれば，まちがいっこないのさ。国語や社会科よりも，ずっとやさしいよ。

　などと，ぶつぶついいながら，やった計算がこれ。左にくらべて，どこがいけないのかな？

やってみよう

```
  4867     2563     3798
×   23   ×   48   ×   76


  9859     8778     9874
×   37   ×   97   ×   58
```

３けた×３けた

オウム　こんどは，みんなでやってごらん。３けた×３けたといっても，やり方はおんなじさ。いいかい？

ピカット　まかしといてよ。

オウム　１こ 314 円の野球のボールを，222 こ買いました。ぜんぶで，いくらはらえばいいでしょう？

314×222

$$
\begin{array}{r}
314 \\
\times\ \blacksquare\blacksquare 2 \\
\hline
628
\end{array}
\Rightarrow
\begin{array}{r}
314 \\
\times\ \square 22 \\
\hline
628 \\
628
\end{array}
\Rightarrow
\begin{array}{r}
314 \\
\times\ 222 \\
\hline
628 \\
628 \\
628 \\
\hline
69708
\end{array}
$$

答 69708円

サッカー　314×222 の計算をすればいいんだ。

ピカット　314×2 を，3 回やればいい。位どりに注意して……。そろってないと，あとでたし算するとき，まごつくよ。

ユカリ　さいごにたし算。3 つの数字をたす

ところ，まちがえないでよ。たし算をばかにすると，手ひどいめにあうからね。

サッカー　69708 円。ずい分お金がかかるね。町の子ども野球チームの 1 年間のボール代だってさ。

やってみよう

$$
\begin{array}{r}
234 \\
\times 132 \\
\hline
\end{array}
\quad
\begin{array}{r}
324 \\
\times 246 \\
\hline
\end{array}
\quad
\begin{array}{r}
976 \\
\times 432 \\
\hline
\end{array}
\quad
\begin{array}{r}
863 \\
\times 189 \\
\hline
\end{array}
\quad
\begin{array}{r}
365 \\
\times 789 \\
\hline
\end{array}
\quad
\begin{array}{r}
823 \\
\times 171 \\
\hline
\end{array}
\quad
\begin{array}{r}
413 \\
\times 231 \\
\hline
\end{array}
\quad
\begin{array}{r}
748 \\
\times 567 \\
\hline
\end{array}
$$

$$
\begin{array}{r}
361 \\
\times 781 \\
\hline
\end{array}
\quad
\begin{array}{r}
762 \\
\times 563 \\
\hline
\end{array}
\quad
\begin{array}{r}
824 \\
\times 331 \\
\hline
\end{array}
\quad
\begin{array}{r}
111 \\
\times 111 \\
\hline
\end{array}
\quad
\begin{array}{r}
372 \\
\times 584 \\
\hline
\end{array}
\quad
\begin{array}{r}
958 \\
\times 875 \\
\hline
\end{array}
\quad
\begin{array}{r}
787 \\
\times 878 \\
\hline
\end{array}
\quad
\begin{array}{r}
888 \\
\times 222 \\
\hline
\end{array}
$$

132×401

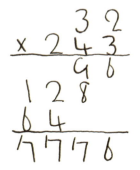

サッカー 一の位を計算したあと，この十の位の0は，どうすればいいのかなあ。
ユカリ 位どりがわからなくなるといけないから，0×2=0，0×3=0，0×1=0と，きちんと書いておきましょうよ。
サッカー そうだね。ルールどおりにやった方がいい。
ピカット この計算も，わりにかんたん。じゃ，下の「やってみよう」に進もうよ。
　3人といっしょに，きみもがんばれ！

32×243

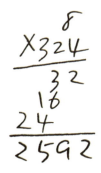

8×324

ユカリ 一の位が，3×2=6，3×3=9。十の位が，4×2=8，4×3=12。
サッカー 百のくらいが，2×2=4，それから，2×3=6。
ピカット ぜんぶをたして，もうできたぞ！

サッカー こんなのかんたんさ。
4×8=32，2×8=16，3×8=24。あれ，へんな形だね。位どりをきちんと書いて，たせば，2592だ。やさしいね。かけ算というのは。
ピカット その調子，その調子！

やってみよう

326	413	628	985	605	807	3543	3007
×103	×306	×204	×407	×908	×708	× 806	× 709

42	97	14	87	73	48	23	37
×314	×112	×428	×578	×968	×609	×408	×306

— 130 —

357×140   287×300   240×342

```
  357        287        240
× 140      × 300      × 342
─────      ─────      ─────
  000        000        480
 1428        000        980
357         861        720
─────      ─────      ─────
49980      86100      82080
```

ピカット 一の位の0を，きちんと書くことが問題なんだね。できたぞ！
サッカー くりあがりをわすれないよう，注意しよう。

ユカリ 0に気をつけて，きちんとルールどおりに書けば，あとはやさしいわ。
ピカット かけ算は，もうまかしといて，という感じだね。

サッカー 0をしっかり，位どりどおりに書く。答えは，ぴしゃり。いい気持ちだね。
　3人は，もうとくいになって，すらすらといたんだ。

```
  432      387      538      791      380      620      583      320
× 160    × 780    × 400    × 600    × 532    × 348    × 140    × 857
```

　どうやら，サッカーにピカット，つかれたようだね。きみはどう？　なに，元気いっぱいだって？　じゃあ，一足先に次のページへ進みたまえ。

3214×132   1247×4231

```
   3214
 ×  132
 ──────
   6428
  9642
 3214
 ──────
 424248
```

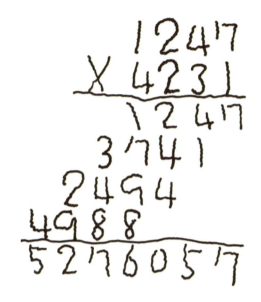

さすがにユカリは，まじめにやっている。こんなに大きい数のかけ算にもうちょうせんしているよ。あれ！ グーグーもがんばっているようだ。

グーグー ひゃあ！ こんなに大きい数をかけ算するの？ 目がまわるよ。

ユカリ 大きい数だからって，おそれちゃだめよ。かけ算のルール通りやりましょうよ。

グーグー やたらにたくさんの数字が出てくるな……

ユカリ ていねいに計算したから，まちがえてないはずだけど，確かめてみてね。

きみも，ユカリやグーグーにまけないで，下の問題にとりくもう。

やってみよう

| 1321 | 4856 | 7359 | 8459 | 4302 | 7305 | 4857 | 98765 |
|× 213|× 148|× 267|× 896|× 185|× 103|× 560|× 758|

| 1423 | 6832 | 7346 | 5849 | 6126 | 8326 | 9595 | 87342 |
|×1324|×4267|×3528|×7536|×8566|×2524|×5959|× 5487|

| 4352 | 3827 | 6793 | 8043 | 73004 | 56005 | 86054 |
|× 103|× 305|× 508|× 608|× 8321|×10408|×70345|

— 132 —

計算はもっとかんたんに！

234 × 301

　ちょっと，ひとこと，いいことを教えてあげよう。

博士　3人に聞きたいのじゃが，ルール通り計算するのもけっこうだ。しかし，この十の位の0を，0×4＝0，0×3＝0，0×2＝0と，いちいち，0を3こも書く必要があるのかな？

　そのとき，グーグーがいつもの悪いくせを出したんだ。ねぼけまなこのグーグーが問題の000をぜんぶ食べてしまったんだ。

ユカリ　たいへん！
博士　ハハハ，グーグーに食べられても，計算には，かんけいないのじゃよ。

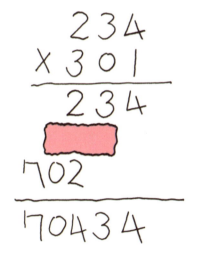

モグモグ……
0は、おいしい
ドーナツだよ。

423×200

```
   423        423          423
 ×200   →   ×200    →   ×  2 00
 000        84600         846 00
 000
 846
 84600
```

博士 上の計算を見てみよう。ちゃんと，0 をつけて計算したのが，左じゃよ。

まん中の計算は，かける数の一の位が0なのじゃから，その位の下に0を書く。十の位も0じゃから，ここにも，その位の下に0を書いた。そうして，百の位にきて，はじめて，2×3，2×2，2×4 と計算したわけじゃな。ということは，右の式のように $\begin{array}{r}423\\ \times\ \ 2\end{array}$ として，あとで，00 を下におろしても同じことなのじゃよ。わかるかな?

3400×20

```
   3400        3400         34 00
 ×   20   →   ×   2 0  →   × 2 0
 0000         6800 0        68 000
 6800
 68000
```

博士 かけるほうの数ばかりでなく，かけられるほうにも0があるときは，どうじゃな?

ピカット わかってきました，博士。左が，ルールどおりに0をつけて計算した場合の式で，まん中は，3400×2 として，3400×2＝6800 に，20 の下の位の0をおろしたのです。

サッカー 右は，同じ計算を，34×2 として 20 の0と，3400 の00 とをあわせておろしたわけですね。

博士 そのとおり。34×2 と計算して，あとで両方の0をその数だけおろせば，いいのじゃ。便利な計算じゃろう。

やってみよう

```
   423       563       4300      5600      7800      6700      6800      9800
 ×300      ×200      ×  20     ×  30     ×  80     ×900      ×600      ×100
```

— 134 —

おきかえることもできる

3人は、かんたんな計算の方法を教えてもらって、うれしくなった。博士は、にこにこしながら、パイプのけむりをはいた。

博士　さて、ユカリちゃんに問題を出そう。
5×6538 を計算してごらん。

```
     5
  ×6538
    40
    15
    25
    30
  ─────
  32690
```

ユカリは、きちんと左のような計算をしたんだ。
博士　たいへんけっこうじゃ。
でも、右の絵を見てごらん。
12人の小人が上の絵のように、手をつなぐと 3×4、下のように手をつなぐと 4×3 になる。
4×3 も 3×4 も同じ 12 が出るね。
じゃから、この問題も、左の計算のように、上下をおきかえて計算できるのじゃ。
そのほうが、ずっとかんたんに計算できるね。

```
   6538
 ×    5
 ──────
  32690
```

さんすうの探険もひとまずおやすみ。
みんなは遊園地でおもいっきり大声をあげて楽しんでいるよ。だけどグーグーは、ねてばかりいたのでかけ算の問題をいっしょうけんめいといているんだ。

1. グーグーがといている問題

① 867
× 80

② 568
×608

③ 89
×560

④ 2680
× 84

⑤ 1760
× 200

⑥ 3600
× 32

⑦ 3890
×5720

⑧ 5243
×1010

⑨ 4358
×7887

⑩ 1894
×7926

⑪ 7800
× 10

⑫ 0
×9878

2. サッカーがジェットコースターに乗りながらつくった問題
① 子どもの汽車は、1まわりすると3800m走るんだ。95かいまわると何メートル走ったことになるか？

② 1こ100円のアイスクリームが、7800こ売れたんだってさ。ぜんぶでいくらになったか？

さて、上の問題だけど、グーグーは、とちゅうでねむってしまったんだ。グーグーにかわってきみたちにといてもらいたいんだけど、よろしくね。

わり算—2

オウム ほら, 見てごらん。めずらしい切手が, みんなで64枚あるんだ。この64枚の切手を21人で同じ数ずつわけると, ひとり何枚になるかな? ただし, 切手のすききらいは言わないこと。

2けた÷2けた

サッカー きれいな切手だなあ。わけるのが、もったいないみたい。
ピカット ぼくにくれればいいのにさ。
ユカリ なに言ってるの。64÷21の計算よ。÷2けたのわり算は、はじめてでしょ。どうすればいいのかしら？
ピカット 式の書きかたは、21)̄6̄4̄でいいんだろうな。でも、計算できないな。
サッカー たてる→かける→ひく→おろすの4びょうしは、使うんだろうか？

ユカリ タイルを使ってみない？ それを水そうにくばってみるのよ。
ピカット 思い出したぞ。水そうを、21のへやにしきって、そこへ64まいの切手をくばればいいんだ。

ユカリ そうよ。それをタイルでやってみましょう。
　3人は、64このタイル(6本と4こ)を用意して、きちんと水そうの図を書いたんだ。

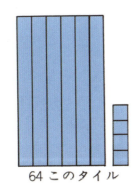
64このタイル

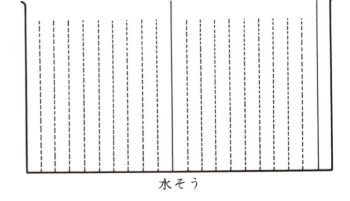
水そう

ピカット 1こずつくばらなくても,6本のタイルは,2つのへやに,うまく3本ずつはいるよ。

サッカー そうだね。はじめ,一の位のタイルのことは考えないで,カーテンをしめておこう。

ユカリ そのことは,計算の式でいうと,2☐)6☐ ということね。

ピカット そうだよ。
6÷2＝3だから,1へやにタイルが3本ずつはいったんだ。

サッカー 一の位のカーテンをあけるよ。

ユカリ 小さなへやに,一のタイルを入れると,3こずつね。1こあまっちゃうけど,高さは,そろったわ。

ピカット これでできたんだよ。64÷21は,3あまり1。答えは,1人3枚ずつくばって,あまりが1枚。

サッカー そのことを式に書けば,21)64 の上に3 となるね。

ユカリ あら,そうかしら?そこは,十の位よ。6の上に3をたててもいいのかしら。

ピカット そこが問題だ。

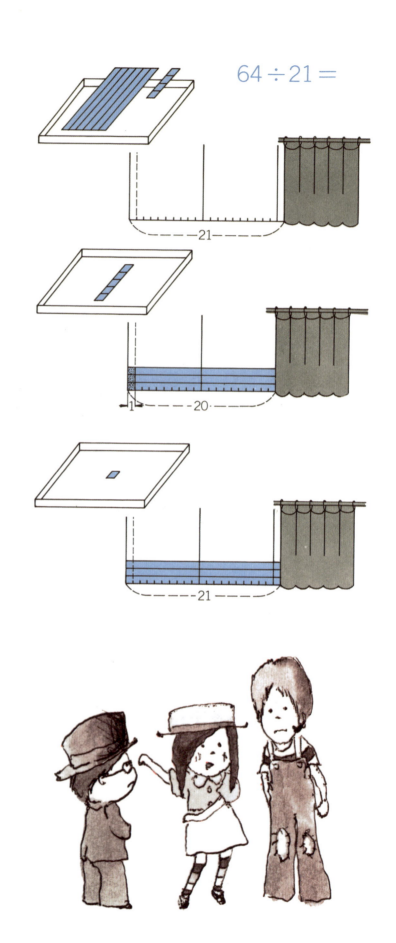

64÷21＝

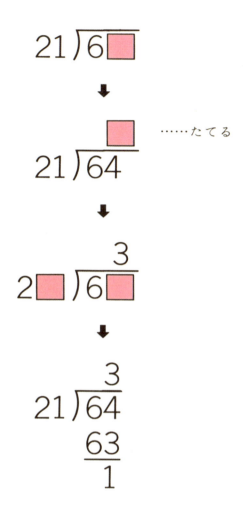

博士　よくそこまで考えたね。では，そのたてた3を，どこにおけばよいのか，もうすこし考えてみよう。

まず，わられる数の64の一の位を，かくす。21)6□ となるのじゃ。21＞6だから，6を21でわることはできない。そこで，4を出して，21)64 とする。64は21でわることができるから，われることがわかった4の上に，たてた数を書けばいいのじゃ。つまり，わられる数がわる数よりも大きくなったところに答えがたつのじゃよ。

ところで，わり算の答えのことを商という。このことばをおぼえておくと便利じゃから，おぼえておきたまえ。

さて，64を21でわれば，いくつの商がたつか？　わり算では，ここがいちばんむずかしいところじゃが，そのやさしい見つけ方を説明しよう。

わられる数，わる数，ともに一の位をかくしてみよう。すると，2□)6□ になる。きみたちが考えた通りじゃ。21)64 では，ピンとこなくても，これなら，2×3＝6で商は3だということがわかる。この3は，まだほんとうの商とは言えないので，仮りの商，すなわち仮商と言うのじゃが，この3をさっき，きめた4の上にたてる。ここでかくしておいた一の位の数をだして，あとは，かけ算じゃね。21×3＝63，その63を64からひいて，あまりは，1じゃ。ここまで計算して，仮商が，正しい商だということがわかるのじゃよ。

— 141 —

たてた数（仮商）を1ど直す

オウムのタロウが言った。

オウム リボンを作るのに、ひとり分 26 cm 必要だ。今、ここに 76 cm のリボンテープがあるけど、何人にわけられる？

ユカリ 26)76 の問題ね。

ピカット まず、商をたてる位置を、さがそう。76の6をかくすと、7は26より小さいからだめ。そこで、6を出す。26<76になったから、たてた数は、6の上に書けばいいんだ。

サッカー こんどは、どんな数をたてたらいいか、見つけるよ。わられる数も、わる数も一の位をかくしてみる。2■)7■ になったぞ。これなら、3がたつよ。

ユカリ その3を一の位に書いて、かけ算するのね。26×3は、あら、78よ。これでは、76より大きくなって、ひけないわ！

サッカー ごめんよ。商が3では大きすぎたんだ。

サッカーが頭をかくと、博士が、めがねの底から、ウインクしながら言った。

博士 あやまることはない。きみは、ルールどおりにやったんだから、それでいいのさ。3では大きすぎたら、こんどは仮商を2にすればいい。タイルで見てごらん。くばりすぎた十のタイルを、また1列とって、くばり直せばいいのじゃから……。

わり算には、このように、仮商を1ど直さなくてはならない計算もあるのじゃよ。

| 49)92 | 37)73 | 27)84 | 26)86 | 37)90 | 43)81 | 32)62 |
| 29)87 | 28)84 | 13)69 | 12)64 | 15)49 | 19)38 | 16)48 |

仮商を2ど直す

オウムのタロウが，とくいそうに言った。
タロウ ぼくらオウムは，バナナが大すき。

86本のバナナを，29わでわけると，オウム1わにバナナは何本?

86÷29

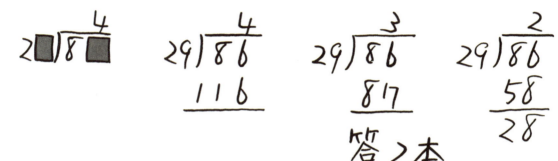

サッカー まず，86と29の一の位をかくす。すると，2■）8■ だから4がたつ。でも，29×4は，116。大きすぎちゃったから，3にして，……おや，まだ大きいぞ!

博士 サッカーくん，これは，仮商を2ど直す型のわり算なのじゃよ。このように，一の位をかくして，仮りの商をたてていくことは，じつは，2×4，2×3，2×2と，九九を上から下へと，さがり九九で計算していることなのじゃ。

こうして，何どか直す型の計算もあるが，さがり九九の長所は，29×3，29×2とさがってきて，その答えが，わられる数の86よりも小さくなったとき，これこそ正しい商じゃと，ピタッとわかることなのじゃ。

28)81   29)84   19)36   16)45   13)71   15)43   17)59
14)88   14)65   13)82   15)40   18)44   12)90   17)32

3けた÷2けた（仮商を直さない）

オウム こんどは、きみたちで、問題を作ってごらん。3けた÷2けただよ。

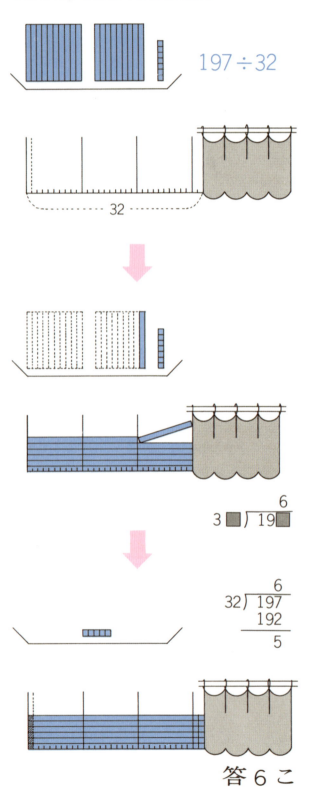

ユカリ いいわ。197このりんごを、32人で同じにわけたら、ひとり何こ？

ユカリ わたしが出した問題だから、わたしにとかせて。まず、答え……ええと仮商と言ったわね。その仮商をたてる位置は……と。197の97をかくすと、32)1■■ だから32＞1でだめ。32)19■ にしても32＞19で、まだだめね。32)197 でやっと 32＜197 になったから、7の上が答えをたてる位置よ。そこで、いくつがたつか？ この場合、どうやってさがすのかなあ。

3■)1■■ ではわれないし、3■)19■ にすると……、わかったわ。3×6＝18で、6がたつわ。この6を、さっきの7の上に書く。それから、かけざんね。32×6は、192。197から192をひくと、5。わかったわ。答えは、ひとりにりんご6こずつ。あまりは5こ。

サッカー うまいもんだ。

ピカット 自分で問題を出して、自分でとくんだから、できるのがあたりまえさ。

博士 ユカリちゃんの問題は、仮商を直さなくてもよい計算じゃった。つぎのページに進むと……。しかしまあ、そのまえに、下の問題をみんなでやってごらん。

答6こ

74)539　　92)741　　82)259

41)328　　73)366　　94)282

3けた÷2けた（仮商を直す）

博士 こんどは，わしが出題しよう。246頭の馬を，37の牧場に，それぞれ同じ数ずつはなしたいのじゃが，1つの牧場に，何頭になるじゃろう？

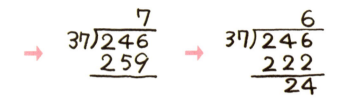

ピカット 仮商を書く位置は，37＜246ではじめてわられる数が大きくなるから，6の上。そして 3□)24□ だから，8がたつな。でも，37×8＝296 は大きすぎるから，仮商を7になおす。おやおや，7でもまだ大きすぎるぞ。こんどは，6。やっとできた。
答，6頭……あまり 24頭。

やってみよう

これをどうする？
46)452 をやってごらんよ。

サッカー まかしてよ，タロウ君。ええと，答えを書く位置は……2の上だから，4□)45□ で，11がたつ。その11を2の上に書いて……あれ，11がたつなんておかしいぞ。
オウム ハハハ，考えてごらんよ。これは，わり算のおとし穴さ。

グーグー ボクにもおとし穴の問題を出させて！

437円持っている人がね，1台48円の自動車を買うの。何台買えるか？

$$48\overline{)437} \rightarrow 4\blacksquare\overline{)43\blacksquare} \rightarrow \begin{array}{r}10\\48\overline{)437}\\480\end{array} \rightarrow \begin{array}{r}9\\48\overline{)437}\\432\\\hline 5\end{array}$$

ユカリ 1台48円の自動車って，きっとプラモデルのことね。4■)43■だから，10がたつ。あら，サッカー君の計算は11がたったけど，10でもやっぱりおかしいわ！

サッカー ぼく，考えたんだ。11や10がたつときは，9をたてればいいんだよ。答えは，9台買えて，5円あまる。

博士 そのとおり。よくできたね。グーグーもなかなか，いい問題を出したものじゃ。前ページの問題，サッカーは，できたらしいがきみにもできるはず，やってみたまえ。

やってみよう

23)208 47)441 69)613 79)742

15)146 13)119 89)800

あらら
グーグーったら，もうねむってるのね。

— 146 —

3けた÷2けた＝商2けた

そのとき，つむじ風が起こった。そのつむじ風が，こんなふうに言ったんだ。

つむじ風 ようこそ。よくこんなところまで，探険にきましたね。それじゃ，ぼくが問題を出します。615台のミニカーを，34人の子どもに，同じようにわけたら，ひとり何台ずつになるでしょう？

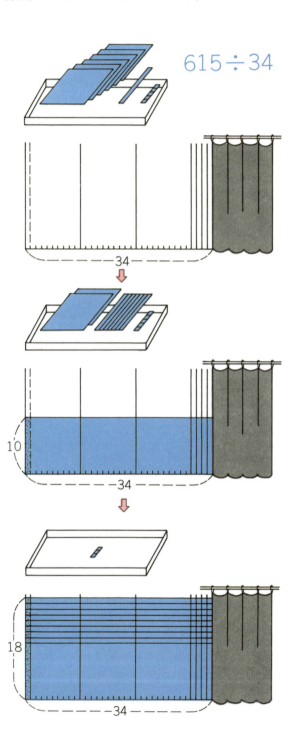

615÷34

ユカリ 風さんからの問題よ。

ピカット ぼくにも聞こえたよ。さあ，やってみよう。34)615だから，十の位の1のところに，仮商をたてればいいね。でも，十の位にたてるなんて，はじめてだな。これはきっと，答えが2けたになるんだ。

ユカリ きっとそうね。それなら，タイルで考えてみましょうか。

615のタイルを，34へやにわけた水そうに，くばっていけばいいのでしょ。615のタイルは，6まいと1本と5こ。6まいではくばりづらいから，60本のタイルにくずして，61本をくばりましょうよ。

ピカット 34)61■ をタイルでやるわけだ。

ユカリ そうね。そうすると，34へやに1本ずつくばって，2枚と7本あまったわ。

ピカット 式でいうと，34に1をかけて，それを61からひいたことになるんだ。

ユカリ ええ。でもこのあとがこまったな。

サッカー 27本もくずして，275このタイルにしたら，くばりいいんじゃない。

ユカリ そうよ。ちょうど5をおろして，34)275にしたのと，同じになるわね。そうすると，34へやに8こずつくばって，あまりが，3こ。1へやの水そうに，18ずつ，くばれたわけね。答えは，ひとりに18台と，あまり，3台よ。

ユカリ 今のタイルの計算は，式ではこうなるのよ。見て！

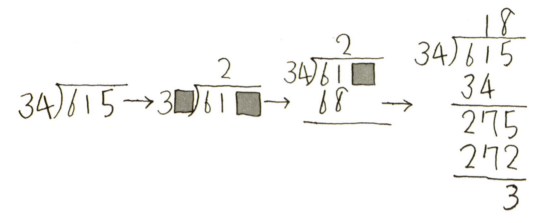

大きく枝葉をはったモミの木が言った。
モミの木 よくきたね。じゃ，問題を出すよ。
さっきこの空を，1組27わのわたり鳥が556わ飛んで行った。何組あったろう？
組になれないあまった鳥は，悲しそうにあとからくっついて飛んでいった。その悲しい鳥は何羽だろう？

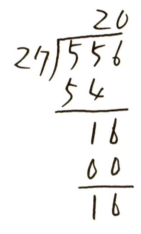

ユカリ やりましょう。27)556の計算よ。
サッカー 商をたてる位置は，十の位。これは，2がたつな。6をおろして，27)16では，われないから，0がたつ。そこで，0をかけて，00。あまりが，16も出たけど，答えは，20組と悲しい鳥が16わだね。
　するとまた，モミの木の声がしたんだ。
モミの木 00の計算はいるのかい？
グーグー 0なんか食べちゃえ，もうわかってるはずだよ。
　ねむそうなグーグーの声。でも，いいことをいうね。

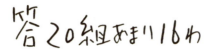

— 148 —

4けた÷2けた＝商3けた

7804÷28

```
  28)78□□
    ↓
     3
  28)78□□
    84
    ↓
     2
  28)78□□
    56
    22□□
    ↓
     28
  28)780□
    56
    220
    224
    ↓
     27
  28)780□
    56
    220
    196
     24
    ↓
     278
  28)7804
    56
    220
    196
     244
     224
      20
```

答 278本あまり20m

どっしりとした大きな岩がつぶやいた。

岩 まあまあ, こんなところまで, ようこそ。7804mのザイルをね, 登山用に, 28mずつに切りたいのだが, 何本とれるだろう？

ピカット こんどは, 岩の声が聞こえたぞ。さっそく, やろうじゃないか。
商をたてる位置は, 百の位だ。ということは, 3けたの答えが出るんだぞ。28)78□□だから, 2□)7□として3がたつ。かけ算すると, 大きすぎるぞ。2に直してと, ……28に2をかけて, それを78からひくと22だ。そこで, 十の位から0をおろす。28)220だから, いくつがたつかな。そうだ, ……目かくしして, 2□)2□□とすると, 9がたつぞ。あれ, 9では大きすぎる。8でも大きすぎるから, 7にしてみる。28に7をかけると, 196。220からひけるから7でいいんだ。ひいて24。そこに, 一の位から4をおろす。28)244になる。これはきっと8がたつよ。28×8＝224。244から224をひいて, あまりは20。
答, 278本……あまり20m。

ユカリ みごとねえ！

サッカー 感心しちゃったよ。ピカット君。

0をどうすればいい？

9756÷24

```
    460
24)9756
   96
   156
   144
    12
```

```
    406
24)9756
   96
   156
   144
    12
```

オウム 左は，ユカリちゃんの計算，右は正しい計算だ。どこか，まちがっていないかな？

7761÷43

```
     18
43)7761
   43
   346
   344
    21
```

```
    180
43)7761
   43
   346
   344
    21
```

オウム これは，ピカット君の計算だ。右の正しい計算とくらべてごらん。早がってんは，してないかな？

7618÷38

```
    200
38)7618
   76
   01
   00
   18
   00
   18
```

```
    200
38)7618
   76
   18
```

オウム おやおや，サッカー君の計算のばかまじめなこと！
もっと要領(ようりょう)よく，エネルギーを節約(せつやく)して，計算するようにしなくちゃあね。

— 150 —

1391÷46

$$\begin{array}{r}3\\46\overline{)1391}\\138\\\hline 11\end{array}$$
$$\begin{array}{r}30\\46\overline{)1391}\\138\\\hline 11\end{array}$$

オウム 左の計算は、だれがやったか知らないけど、右の正しい計算にくらべると、どこがおかしいかわかるだろう？

0には、注意しようね。この問題も、「もう計算できた」と安心して、商の一の位の0を、書きわすれる子が多いんだよ。

じゃ、がんばって！

サッカー君
一のくらいに
0を書くのを、
わすれる子が
おおいんですって。

やってみよう

1. 32)865　48)679　58)984　13)804　16)449　26)958　32)653　15)112

2. 63)9895　29)7146　43)6400　58)8274　71)8983　36)8381　46)5710

3. 43)8967　18)3701　37)9273　52)6794　15)5400　48)9634　21)8400

4. 78)5643　27)1771　31)1426　48)1019　56)1692　29)2621　98)1002

73356÷53＝？

```
      1384
53 )73356
    53
    203
    159
     445
     424
     216
     212
       4
```

博士が，ゆったりと姿をあらわした。

博士 ほんとによく，わり算のこんなところまで，探険にきたものじゃ。どうせ，とちゅうで帰ってしまうのかと思っていたが，いや，感心じゃ。

さて，この大きい位の数を，2けたの数でわるわり算をやると，÷2けたについては，もう卒業じゃな。それに，いま，新しく説明することもないのじゃよ。

左の計算を，よく見てごらん。
　①商をたてる位置をたしかめる。
　②仮りの商を見つける。
　③たてる→かける→ひく→おろす，の4びょうしをきちんとやる。

この3つのことに気をつけさえすれば，やさしく，正しく計算できるのじゃ。

1.　61)35987　　58)79632　　28)23457　　34)18734　　35)74804　　18)38453　　35)96870
　　72)57667　　24)45382　　38)25193　　49)18223　　29)21946　　37)63151　　40)34358

2.　18)54273　　23)92069　　58)40625　　14)28420　　36)72124　　73)219345　32)215689
　　13)17233　　93)37683　　78)181039　53)189051　63)255153　81)366366　68)272340

5528÷213＝？

博士　この，÷3けたで，いよいよ，わり算の探険もおしまいじゃ。あとは，どんなわり算が出てきても，とけるはずじゃ。サッカー君，左の問題をやってごらん。

サッカー　213)552☐ から，十の位の2のところに，答えがたって，仮商を見つけるために，2☐☐)5☐☐☐ として，2をたてます。213×2＝426，これを 552 からひいて，126。一の位の8をおろして 1268。

こんどは，213)1268 の計算です。

2☐☐)12☐☐ と考えて，仮商は6。6をたてて，かけざんすると，大きすぎるので5にたて直します。213×5＝1065 で，ひくと，203。これが，あまりです。

博士　よくできたよ，サッカー君。

```
        25
213)5528
    426
    ────
    1268
    1065
    ────
     203
```

やってみよう

1.　537)69278　　346)84932　　291)13249　　489)932462　　362)245781　　197)124365
　　178)536912　　238)190471　　345)870450　　658)913465　　753)845432　　342)673005

2.　216)14807　　514)42395　　205)20493　　457)210307　　900)57342　　500)79834
　　800)38409　　909)39087　　704)26789　　505)249440　　109)11881　　402)162006

— 153 —

871÷40　　　　　　　　　　　9000÷30

```
     21                    300
40)871               30)9000
   80                   90
   71                    0
   40
   31
```

ピカット こんな問題やさしすぎるよ，と思ったけど，40の0が問題なんだな。40)87■ だから，十の位に商がたつ。それから，4■)8■■ だから，2をたてる。あとは，かんたんだよ。ほんとにもうぼくたちは，これで，どんなわり算でもできるのかな。

ユカリ こんどは，もっとやさしそう。でも，やっぱり，0をどうするかという問題なのね。30)90■■ だから，百の位に答えがくる。3■)9■■■ にすれば，仮りの答えは，3。やっとできたけど，これでいいのかなあ。
ピカット それであってるさ。
サッカー もう，これで，わり算の探険もおわったんだね！

わあい，できたぞ！

グーグーのへんな問題

わり算の探険が終わったと聞いて,グーグーにまたあの悪いくせがあらわれたんだ。手あたりしだいに,大口をあけて,せっかくみんながやった計算から,数字を食べちゃうなんて,あんまりだよね。でも,計算をもと通りにするのは,今のきみには,もうかんたんだろう?

やってみたまえ。

1. この港に，80724 はこのグレープフルーツを積んだ船がついた。これをぜんぶおろすのに，1 かいに 28 はこ運び出せるクレーンでは，何かいかかるだろう？

2. また，このグレープフルーツを市場に運ぶのに，1 かいに 124 はこ運べるトラックでは，ぜんぶで何かいかかるだろうね？

3. 外国から，7200 人のお客さんがやってきた。このお客さんに 1 台 80 人乗りのバスに乗ってもらいたいのだがぜんぶで何台いるかな？

4. また，150 人乗りのデラックスバスではぜんぶで何台いるかな？

5. この港には，1 か月に 10500 人の外国の人たちがやってくる。1 年間では，どのくらいの人たちがやってくるのだろうか？

6. ボク，いろんな本が，だいすき。240 ページの本を 25 さつ 3 日間で読んだの。さて，ボクはぜんぶで，何ページの本を読んだことになるでしょう？ マンガだって本にちがいないもの。（グーグーの出した問題）

7. この船は，これからサイゴンで 18330000 こ，カラチで 489500 この荷物をつみこんでケープタウンに行きます。ケープタウンについた時の荷物の数は？

8. 4年生232人が4台のバスで社会見学に行くことになりました。同じ人数ずつ乗ると、1台に何人乗ればいいのでしょう？

9. あるクラスの遠足のしゃしん代を集めたら、ぜんぶで1575円になった。しゃしん代は1人分35円。何人分のしゃしん代なのかな？

10. また、その遠足の交通費として168人分、94248円かかった。1人あたりいくらになるだろう？

11. 1こ55円の石けんが1ダースはいっているはこが65はこ、そうこにしまってあります。この石けんは、ぜんぶでいくらでしょう？

12. この船は、ケープタウンにつくのに3か月かかります。10年前はこの2倍かかったと船長さんが、教えてくれました。さて、10年前は何か月かかってケープタウンに着いたのでしょう？

13. 日本は、外国におもちゃを輸出しています。ある工場では、1か月に25日仕事をして12175この人形を作りました。1日に何この人形を作ったことになるかな？

14. いよいよ船が出航します。色とりどりのテープが用意してあります。ぜんぶで1452本あります。見送りの人が243人いると1人何本テープがつかえるでしょうか？

さんすうの探険，どうだった？

　ねぼすけのグーグーは，かわいかったね。それに，ときどきあらわれては，勝手なことをわめきちらしたあのブラックのやつ。キンキン声のミクロに，電信柱みたいなマクロも，ゆかいだった。

　探険しながら，かけざんや，わりざんまで勉強できて，ほんとによかったね。

　ほら，夕やけの中に，ユカリちゃんたちの町がしずんで行くよ。

　そう，あしたまた，ほかの巻で会おうね。じゃ，元気で！

算数の探険 —— 1
たす ひく かける わる

■ 著 —— 遠山　啓
■ 絵 —— 伊沢春男　庭 なおき
■ 発行者 —— 高野義夫
■ 発行所 —— 株式会社日本図書センター
郵便番号112-0012　東京都文京区大塚３－８－２
電話　営業部 03（3947）9387　出版部 03（3945）6448
http://www.nihontosho.co.jp
■ 印刷・製本 —— 図書印刷株式会社
■ 2011年6月25日　初版第1刷発行

2011 Printed in Japan
乱丁・落丁はお取り替えいたします。

ISBN978-4-284-20189-6
ISBN978-4-284-20190-2（第1巻）
NDC410

＜本書について＞
・本シリーズ「算数の探険」は，ほるぷ出版より1973年に刊行された『算数の探険』（全10巻）を復刊したものです。
・内容は，原則として初刊のままですが，明らかな誤字脱字は正し，現代からすると不適切な表現には，もとの文章の意図を変えない範囲で修正を加えています。
・時代を経たことによってわかりにくくなった箇所には本文に＊印を付し，短い注を加えました。＜注＞として補ったところもあります。
・装幀は初刊の装幀をできるだけ生かしました。また，初刊に付されていた「解説ノート」や教具などの付録は割愛しました。
・本書の著作権関係については十分に調査いたしましたが，お気づきの点がありましたら，出版部までご連絡ください。